Rainer Dilloo / Renate Thomas

Atomtechnik – Auseinandersetzung mit der Unternatur

THEMEN EINER BEWUSSTEN LEBENSFÜHRUNG

Rainer Dilloo / Renate Thomas

Atomtechnik – Auseinandersetzung mit der Unternatur

Mit einer ausführlichen Stellungnahme
zur Reaktorkatastrophe von Tschernobyl

Verein für ein erweitertes Heilwesen

CIP-Kurztitelaufnahme der Deutschen Bibliothek

Dilloo, Rainer:
Atomtechnik – Auseinandersetzung mit der Unternatur: mit e. ausführl. Stellungnahme zur Reaktorkatastrophe von Tschernobyl / Rainer Dilloo; Renate Thomas. Verein für e. Erw. Heilwesen. – Bad Liebenzell-Unterlengenhardt: Verein für e. Erw. Heilwesen, 1986.
(Themen einer bewußten Lebensführung)

ISBN 3-922060-87-0

NE: Thomas, Renate.

ISBN 3-922060-87-0

Umschlaggestaltung: Bruno Schachtner, Dachau.

Gesamtherstellung: Greiserdruck, Rastatt.

Inhalt

Tschernobyl – Fragen verlangen Antwort

Ein tief erschütterndes und von vielen gefürchtetes Ereignis ist eingetreten: eine Atomreaktorkatastrophe großen Ausmaßes. Der Ort Tschernobyl wird in der Geschichte genannt werden – neben Hiroshima und Nagasaki. Die Folgen des Unglückes wird man erst in Jahrzehnten voll übersehen können. Jedenfalls wird die Zahl der an Leukämie, Lungenkrebs und anderen Krebsarten Erkrankten auch noch in Hunderten von Kilometern Entfernung vom Unfallort zunehmen. Die Lebensdauer unzähliger Menschen besonders in der Sowjetunion und Polen dürfte sich um Jahre verkürzen.

Obwohl 1300 Kilometer entfernt, mußten auch bei uns Maßnahmen ergriffen werden, um die gesundheitlichen Schäden so klein wie möglich zu halten. Die ganze Bundesrepublik Deutschland war vom radioaktiven »Fallout« betroffen. Große Mengen Gemüse mußten vernichtet oder untergepflügt werden. Und auf Jahrzehnte wird die Nahrung erneut – nachdem das schon einmal in den sechziger Jahren durch Atombombenversuche der Fall war – von künstlichen radioaktiven Substanzen in feinster Form durchsetzt.

Rundfunk, Fernsehen und Zeitungen informierten ausführlich. Jedoch verunsicherten widersprüchliche Meldungen, Maßnahmen und Ratschläge die Bevölkerung immer wieder. Fragen über Fragen drängten sich auf.

Es lag nahe, bei der notwendig gewordenen Neuauflage des Merkblattes »Atomtechnik – zu ihrem Verständnis – Besorgnisse«* ergänzend auf dieses Ereignis einzugehen. Da diese »Ergänzung«

* Dieses Merkblatt erschien in der Reihe »Soziale Hygiene«, herausgegeben vom Verein für ein erweitertes Heilwesen, Bad Liebenzell 1983. Die »Merkblätter«, im allgemeinen 24 bis 32 Seiten stark, behandeln im Sinne volkspädagogischer Information aktuelle Themen der leiblichen und seelischen Hygiene sowie Fragen zu Gesundheit und Krankheit, Umweltschutz und richtiger Lebensgestaltung; sie klären auf und geben praktische Ratschläge. Interessenten können Prospekte beim Verein für ein erweitertes Heilwesen, 7263 Bad Liebenzell 3, Johannes-Kepler-Straße 56, anfordern.

jedoch – wie sich gezeigt hat – im Umfang weit über ein übliches »Merkblatt« hinausging, entschloß sich der Herausgeber, das gesamte Thema in dem nun vorliegenden Buch zusammenzufassen.

Der Verfasser stellte sich hierbei die Aufgabe, das von der Tagespresse in sehr großem Umfang zur Verfügung gestellte Bericht- und Zahlenmaterial für den Leser zu sichten und die wichtigsten Gesichtspunkte leicht verständlich darzustellen. Die angestrebte kurze Fassung soll es auch dem stark Beschäftigten ermöglichen, sich zu informieren und ein eigenes Urteil zu bilden.

Der erste Teil der Schrift ist als eine leicht verständliche Einführung in die Problematik der Atomtechnik und des Kernzerfalls gedacht, wobei beispielhaft von einem Reaktortyp ausgegangen wird, der in der Bundesrepublik, in der Schweiz und in Frankreich überwiegend Verwendung findet, auch bei Neuanlagen. So hat der Leser Gelegenheit, sich über den Stand der Dinge bei uns zunächst zu informieren. Dieser *erste Teil* wurde aus dem seitherigen Merkblatt übernommen. Ist es doch wichtig, festzuhalten, daß auch nach dem Ereignis von Tschernobyl die Aussagen von vor drei Jahren noch voll bestätigt wurden.

Der *zweite Teil* befaßt sich mit Fragen, die durch das Unglück von Tschernobyl in vielen Menschen erst wach geworden sind. Sie entstanden aus dem aktuellen Leben heraus, ohne vielleicht voll ihre Beantwortung zu finden. Denn wer ist aus Zeitgründen schon in der Lage, ein derart kompliziertes Gebiet laufend in den Veröffentlichungen genau zu studieren!

Was in Tschernobyl geschah, ist in gewissem Sinn ein wichtiger Ausgangspunkt für die weitere Urteilsbildung auf diesem Gebiet. Darum werden Einzelheiten, denen ein größeres Gewicht beizumessen ist, einer gesonderten Untersuchung gewidmet. Hierzu gehören vor allem die Folgen radioaktiver Strahlungen und inkorporierter Substanzen für die Gesundheit der Menschen in geringer und größerer Entfernung vom Unfallort. Zur Darstellung dieses Spezialgebietes wurde Dr. Renate Thomas, Fachärztin für Radiologie, gewonnen, die den *dritten Teil* dieser Schrift verfaßt hat.

Rainer Dilloo
Dipl.-Ing.

I

Rainer Dilloo

Atomtechnik – zu ihrem Verständnis – Besorgnisse

Woran liegt es, daß die Öffentlichkeit seit Jahren in der Frage der Atomenergie nicht mehr zur Ruhe kommt? Weshalb Meinungsverschiedenheiten unter den Experten? Was hat es mit dem »Schnellen Brüter« in Kalkar auf sich? Warum derartige Kostenexplosionen? Wie steht es mit der Endlagerung des Atommülls? Es sind das nur einige der Fragen, die nicht nur Zeitungsleser, sondern auch Regierungen bewegen.

Als moderner Mensch ist man aufgerufen, mitzudenken und mitzusorgen wie bei allen Fragen von Belang. Die hier vorliegende Veröffentlichung soll – unter weitgehender Vermeidung von Fachausdrücken – zu grundsätzlichen Gesichtspunkten hinführen.

Wie arbeitet ein Atomkraftwerk?

Die Energie in einem konventionellen Kraftwerk wird durch Verbrennung von Kohle, Öl usw. erzeugt. In einem Atomkraftwerk findet keine Verbrennung statt (der Ausdruck Brennstäbe ist irreführend). Vielmehr wird dort die Energie verwendet, die bei künstlich verstärkt ablaufendem Zerfall von Materie entsteht, zum Beispiel von Uran-235*.

* Uran ist ein Element mit spezifischen chemischen Eigenschaften. Es gibt aber verschiedene Arten Uran, die sich in ihrer Atommasse und in ihren radioaktiven Eigenschaften unterscheiden. Man kennzeichnet sie durch die Atommasse, die als Zahl hinzugefügt wird. U-235, U-238, U-239, U-234. Ähnlich wird das bei anderen Elementen gehandhabt, die im weiteren Verlauf der Ausführungen vorkommen.

In der Bundesrepublik sind (Stand 1981) zehn Kernkraftwerke in Betrieb, elf sind im Bau und 13 weitere geplant. Sie benötigen erhebliche Mengen Kühlwasser und liegen daher sämtlich an größeren Flüssen, auf weite Entfernung durch ihre Betonkuppeln (Sicherheitsbehälter) zu erkennen. Zur Zeit werden etwa 14 % des Stromverbrauchs der Bundesrepublik Deutschland von Kernkraftwerken geliefert[22].

Man unterscheidet Siedewasser- und Druckwasser-Reaktoren. Bei ersteren treibt der vom Atom-Reaktor erzeugte Dampf direkt die Dampfturbine an. Der Dampf wird im gleichen Kreislauf dem Reaktor wieder zugeführt. Von Nachteil ist die radioaktive Verseuchung der Turbine. Die meisten im Betrieb und im Stadium der Planung befindlichen Kraftwerke sind mit Druckwasser-Reaktoren ausgerüstet. Ein solcher Reaktor großer Leistung der modernen Baulinie des Kernkraftwerks Biblis A wird der folgenden Schilderung zugrunde gelegt.

Die beim Materiezerfall (Uran-235) im Atomreaktor freiwerdende Energie erhitzt das Wasser des Primärkreislaufes, das mit Hilfe von Pumpen über Wärmeaustauscher geführt wird. Dieses Wasser ist radioaktiv. Die Wärmeaustauscher sind zugleich Dampferzeuger im nicht radioaktiven Sekundärkühlkreis, in dem sich die Dampfturbine befindet, die den elektrischen Generator antreibt, wie es bei den konventionellen Kraftwerken der Fall ist.

Der Atomreaktor

Der Atomreaktor liegt im Zentrum des Sicherheitsbehälters. Der gewaltige Reaktordruckbehälter mit Deckel wiegt über 500 t, hat eine Höhe von rund 13 Meter und einen Innendurchmesser von 5 Meter. Auf diesem engen Raum wird bedeutend mehr Energie freigesetzt als in Kesseln konventioneller Kraftwerke, die trotz ihrer geringeren Leistung einen Wirkungsgrad von ca. 40 % besitzen, während man bei Atomkraftwerken nur einen solchen von ca. 33 % erreichen kann. Das Atomkraftwerk Biblis A gibt 1200 MW an elektrischer Energie ab. Sie reicht aus, um 24 Millionen Glühlam-

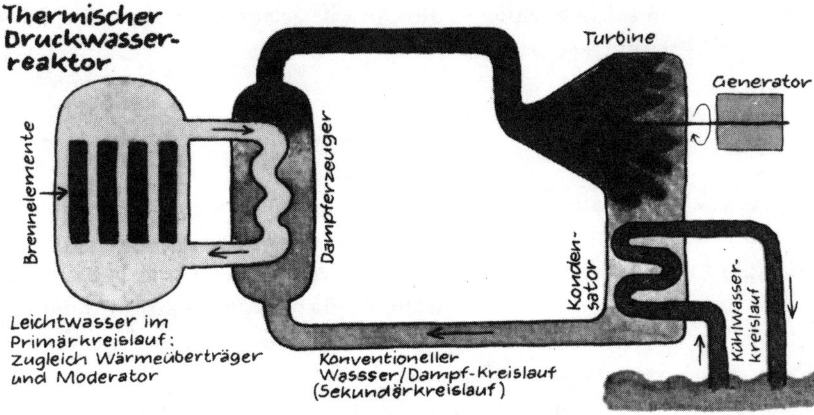

pen von 50 Watt damit gleichzeitig zu betreiben oder 600 000 der gebräuchlichen Heizöfen von je 2000 Watt.

Gewaltigen Anforderungen muß der Werkstoff des Reaktorbehälters gewachsen sein. Denn auf jedem Quadratzentimeter seiner Wandfläche lastet ein Innendruck des Wassers von 158 kg bei ca. 316 Grad Celsius Temperatur. Die Wanddicke beträgt darum rund 24 cm. In dem Reaktorbehälter, dessen Deckel abnehmbar ist, befinden sich 45 548 Brennstäbe von je 3,9 Meter wirksamer Länge und 1,075 cm Außendurchmesser, die zu gemeinsam handhabbaren Elementen von je 236 Brennstäben zusammengefaßt sind. Die Brennstäbe sind mit Urandioxid-Tabletten gefüllt. Gesamtgewicht ca. 103 t Uran[1].

Die wenigen bisher genannten Zahlen vermitteln einen ersten Eindruck von der großtechnischen Aufgabe, die allein mit der Fertigung des Atomreaktors gegeben ist, in die aber auch die übrigen Bauteile mit einzubeziehen sind.

Die wichtigste Frage, die im Zentrum aller technischen Überlegungen steht, ist aber die ungeheure Giftigkeit der im Primärkreislauf eines Kernkraftwerks befindlichen Stoffe. Bei konventionellen Kraftwerken kann es zu Rohrbrüchen kommen. Die Umgebung ist davon nicht betroffen. Hier aber wären es radioaktive Substanzen, die bei einem solchen Unfall in die Umwelt gelangten. Das muß auf jeden Fall verhindert werden.

Gefährdungspotential der Kernkraftwerke

Es folgt ein Zitat aus der Dokumentation der Bundesregierung »Zur friedlichen Nutzung der Kernenergie 1977«[1]: »Von einem geringen Gefährdungsumfang kann bei der Kernenergienutzung nicht gesprochen werden. Es sind Schadensmöglichkeiten denkbar, für die zwar nur sehr geringe Eintrittswahrscheinlichkeiten bestehen, die aber ohne Vorsorgemaßnahmen zu katastrophalen Auswirkungen für große Bevölkerungsteile führen könnten. Es ist bestimmt durch die beträchtliche Menge an radioaktiven Stoffen, die beim Leistungsbetrieb eines Kernkraftwerkes im Reaktorsystem vorliegen.«

Nach etwa einjähriger Betriebszeit eines Reaktors erreicht das radioaktive Inventar einen Sättigungswert[1]. Ein großes Kernkraftwerk der elektrischen Leistung, wie sie in unserem Fall zugrunde gelegt wurde, enthält gefährliche Spaltstoffe, die – gemessen an den zulässigen Strahlenbelastungen – der unvorstellbar großen Menge von 5000 t Radium entsprechen[2].

Giftwirkung selbst bei ungeheurer Verdünnung

Selbst bei ungeheurer Verdünnung sind radioaktive Zerfallsstoffe noch gefährlich. Das zeigten schon Untersuchungen, die der Physiker Linus Pauling hinsichtlich der Atombomben-Testexplosionen, die in den Jahren 1945–1962 in der Atmosphäre stattfanden, durchführte.

Nach Pauling (1958) verursachen »Bombenversuche, die dem Umfang von 30 Megatonnen* Trinitrotoluol« konventionellen

* Trinitrotoluol ist ein im Zweiten Weltkrieg für Bomben verwendeter Sprengstoff. Bomben von einer Tonne Gewicht waren wegen ihrer hohen Explosionsenergie sehr gefürchtet. Schon die erste von den Amerikanern am 15. Juli 1945 versuchsweise gesprengte Atombombe hatte eine Sprengkraft von 17 000 bis 20 000 Tonnen Trinitrotoluol. Mega bedeutet Millionen.

Sprengstoffes entsprechen (bis 1962 waren es 511 Megatonnen) »die Geburt von 230 000 Kindern mit schweren körperlichen Gebrechen und geistigen Defekten (einschließlich Totgeburten und Todesfällen im Kindesalter) und außerdem 420 000 Todesfälle von Embryonen und Neugeborenen«.

Pauling verfaßte ein Memorandum, in dem er die Einstellung der Atombombenversuche forderte. Es wurde von 9235 Naturwissenschaftlern (darunter 36 Nobelpreisträgern) aus 44 Ländern unterzeichnet und führte schließlich 1962 zur Verwirklichung des Atombomben-Teststopp-Abkommens[3]. Bei diesen Testexplosionen waren bis 1962 ca. 10 000 kg Spaltprodukte freigeworden, eine Menge, die – verteilt auf die Erdatmosphäre und über so viele Jahre – minimal genannt werden kann. Denn Uran dieser Menge nimmt einen Raum von noch nicht einem Kubikmeter ein. Die Giftigkeit der radioaktiven Stoffe ist aber so groß, daß feinste Verteilungen dieser Art bereits gravierende Folgen haben.

Die Problematik des Einschlusses der radioaktiven Stoffe

An ein Kernkraftwerk müssen wegen der hohen Giftigkeit der radioaktiven Folgeprodukte »ungewöhnlich hohe Anforderungen hinsichtlich der Rückhaltung und der Dichtigkeit gestellt werden«[1].

1. Brennstabhüllen

Die erste Barriere gegen das Austreten von Spaltprodukten stellen die Brennstabhüllen aus einer nur 0,7 mm starken Zirkonium-Legierung dar. Als Spaltprodukte treten – um nur wenige Beispiele zu nennen – gasförmige (Krypton-85, Xenon-133, zwei Edelgase), flüchtige (Jod-131) und feste (Cäsium-137, Strontium-90) auf[1]. Es sind an 200 verschiedene radioaktive Substanzen, die sich zum Teil wesentlich in ihrem chemischen Verhalten voneinander unterscheiden. »Es besteht heute kein Streit darüber, daß durch die Kernkraftwerke ein Teil dieser Spaltprodukte ständig durch Abluft und Abwasser ins Freie gelangt, strittig ist die Menge und der Weg durch die Ökosysteme und Nahrungsketten und die unterschiedliche Anreicherung.«[4]

Erwähnt werden muß in diesem Zusammenhang auch das aus Uran-238 durch Bestrahlen mit Neutronen neu entstehende schwere Element Plutonium. Bei der von uns betrachteten Reaktorgröße bilden sich im Jahr davon etwa 200 kg[4]. Plutonium ist extrem giftig, weil es sich »sehr spezifisch und stabil in der Knochensubstanz anlagert« und eine große Halbwertszeit* von 24 400 Jahren hat. Die noch »zulässige« Verteilung in der Luft wurde so festgelegt, daß diese Konzentration bereits bei knapp 1 Milligramm im Luftvolumen von 1,027 Kubikkilometern erreicht ist[5]! Das ist eine unvorstellbar feine Verteilung.

Wie erwähnt, kann durch die Brennstabhüllen das radioaktive Material insbesondere über längere Betriebszeit nicht vollständig zurückgehalten werden. Wenn man alle Brennstäbe aneinanderreiht, ergibt das immerhin eine Länge von 178 km. Bei der geringen Materialstärke von 0,7 mm sind schon in neuem Zustand, erst recht aber nach einer Einsatzzeit von drei Jahren – denn jedes Jahr wird etwa ein Drittel aller Brennelemente ausgewechselt – Undichtigkeiten unvermeidbar. In dieser Zeit verändert der Brennstoff seine Zusammensetzung wesentlich[6], er schwillt, es kommt zur Entstehung von radioaktiven Edelgasen. Dadurch wird im Hüllrohr ein Druck aufgebaut, der je nach Bauweise »bis zu einigen hundert Atomsphären Überdruck erreichen kann«[5]. So ist die Auswechslung der Brennelemente keineswegs allein aus physikalischen Gründen notwendig, sondern auch mit Rücksicht auf die Verformung der Hülle durch den Brennstoff.

2. Reaktordruckbehälter und Primärkreislauf

Als Schutz gegen direkte Strahleneinwirkungen befindet sich um den Reaktor eine gewaltige Betonabschirmung. Der Druckbehälter und die Rohrleitungen des Primärkreislaufes umschließen als zweite

* Der radioaktive Zerfall geht nicht gleichmäßig in der Zeit vor sich, sondern am Anfang rascher, dann langsamer. In der Halbwertszeit sind sowohl die Menge als auch die Aktivität eines radioaktiven Stoffes auf den halben Wert abgesunken.

Hülle die radioaktiven Stoffe, die aus den Brennstäben in das Kühlwasser gelangen. Ja, das Kühlwasser selbst wird durch die Strahlung der Brennstäbe radioaktiv[5]. Unter anderem entsteht radioaktives Tritium und Kohlenstoff-14. Die im Kühlwasser sich bildenden Verunreinigungen müssen kontinuierlich herausgefiltert, an Ionenaustauschharze gebunden und zum Abschluß konzentriert werden. Die jährlich auftretenden radioaktiven Abfallmengen sind erheblich. Im geplanten Kernkraftwerk Neckarwestheim (etwa um ein Drittel kleiner als Biblis A) werden jährlich 350 Fässer von je 200 Litern Inhalt anfallen. Außerdem wird im Abwasser gelöst radioaktives Tritium abgegeben[7].

Tritium »hat eine große Halbwertszeit und läßt sich mit technisch vernünftigem Aufwand nicht aus dem Kühlmittel entfernen. Deshalb wird das gesamte im Reaktor-Kühlmittel anfallende Tritium vom Kraftwerk abgegeben«[7]. An Gasen werden die sich bildenden radioaktiven Edelgase Xenon-133 mit reduzierter Aktivität und Krypton-85 vollständig vom Kamin abgegeben.

3. Sicherheitsbehälter-Kugeldurchmesser 56 Meter

Er umschließt den gesamten radioaktiven Bereich des Kernkraftwerks und ist in seiner Festigkeit so bemessen, daß er auch bei einem Bruch der Hauptmittelkühlleitung den entstehenden Dampfüberdruck von 4 Atmosphären aufnehmen kann. Dichtheit etwa 1 % Verlust am Tag. Um die in diesem Fall direkt ausgehende Strahlung abzuschirmen, ist noch eine Betonabschirmung vorgesehen[5]. Der Sicherheitsbehälter steht im Normalbetrieb unter Unterdruck, damit radioaktive Gase oder Aerosole abgesaugt werden, wie sie im laufenden Betrieb an großen Ventilen oder Pumpendichtungen auftreten können.

Aus der Schilderung ist zu entnehmen, daß ein Kernkraftwerk selbst im normalen Betrieb nicht restlos zur Umwelt »abgedichtet« werden kann. Von Umweltfreundlichkeit der Kernenergie kann schon aus den genannten Gründen, vor allem aber im Hinblick auf die großen Mengen von radioaktiven Abfallstoffen, die jedes Jahr anfallen, keine Rede sein. Hierbei müssen die verbrauchten radioak-

Längsschnitt durch das Reaktorgebäude in Dampferzeugerachse

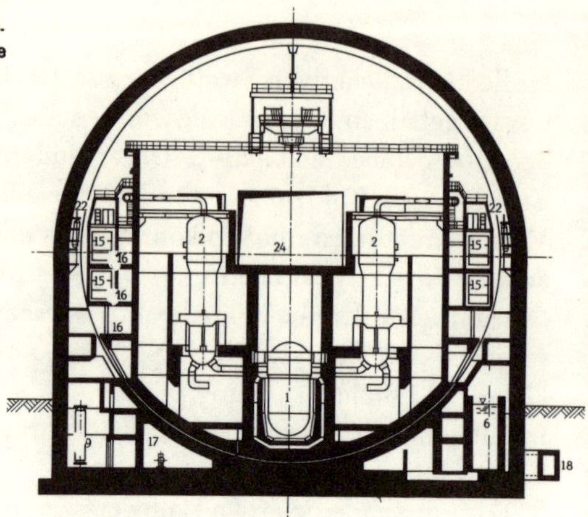

1 Reaktor
2 Dampferzeuger
3 Hauptkühlmittelpumpen
4 Druckhalter
5 Druckspeicher
6 Flutbecken
7 Rundlaufkran
8 Materialschleuse
9 Nachwärmekühler
10 Armaturenkammer
11 Brennelement-Becken
12 Lademaschine
13 Brennelement-Lager
14 Reaktordeckel-Abstellplatz
15 Umluftanlage
16 Ringbühne
17 Nukleares Nachkühlsystem und Beckenkühlsystem
18 Rohrleitungskanal
19 Anlagen- und Gebäudeentwässerung
20 Frischdampf-Armaturen
21 Frischdampf- und Speisewasser-Armaturenkammer
22 Ausgleichsbehälter nukleares Zwischenkühlsystem
23 Aufzug
24 Beckenflur

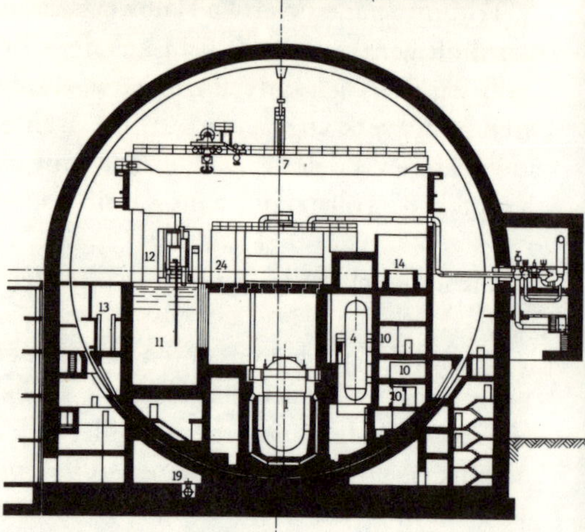

Längsschnitt durch das Reaktorgebäude in der Achse des Brennelementlagerbeckens

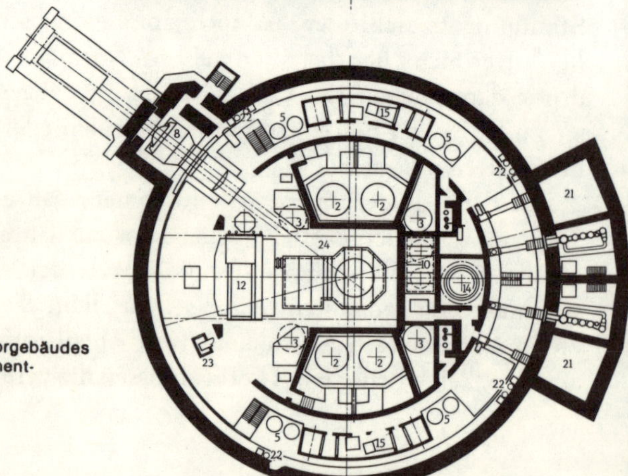

Querschnitt des Reaktorgebäudes in Höhe des Brennelementlagerbeckenflurs

tiven Brennelemente hinzugerechnet werden, selbst wenn sie einmal aufgearbeitet werden sollten.

Jedes 1000-MW-Kernkraftwerk produziert pro Jahr ca. 1000 kg an Spaltprodukten[6]. »Als Faustregel läßt sich vielleicht am besten merken, daß ein 1000-MW-Kernkraftwerk in einem Jahr so viel radioaktive Substanzen erzeugt, wie in tausend Hiroshimabomben enthalten sind.«[4]

Regelung und Abschaltung des Atomreaktors

Die Energieerzeugung im Reaktor ist auf den Zerfall von Uran-235 zurückzuführen. Hierbei wird eine Art von Teilchenstrahlung freigesetzt, die man als Neutronen bezeichnet. Diese Neutronen dringen in benachbartes Uran-235 ein und lösen neue Spaltungen aus, wobei etwa die doppelte Zahl weiterer Neutronen frei wird. Man bezeichnet diesen Vorgang als Kettenreaktion. Wenn weniger Neutronen entstehen, als aus dem System entweichen oder absorbiert werden, kommt die Energieerzeugung zum Erliegen. Entstehen mehr Neutronen, so wächst die Energie lawinenartig an, die Temperaturen steigen rasch, die Brennstäbe erhitzen sich zu stark, Radioaktivität tritt aus. Es kann zu einer Explosion der Anlage kommen, die in ihrer Stärke mit Explosionen in der chemischen Industrie vergleichbar sind. (Siehe amerikanischer Versuch mit dem Kernreaktor Borax 1, über den genauere Angaben folgen.)

Bersten des Atomreaktors

Würde eine solche Energiesteigerung eines Reaktors diesen zum Bersten bringen, könnten Reaktorteile den Sicherheitsbehälter durchschlagen und die ungeheure Radioaktivität würde ins Freie gelangen. Die Folgen wären vergleichbar mit denen einer Naturkatastrophe.

Um das zu verhindern, wurde im Fall des geplanten Atomkraftwerks Wyhl von einem Verwaltungsgericht in Freiburg ein Berst-

Schutz verlangt (am 10. 3. 1977). Am 7. 7. 1982 wurde in einer 548 Seiten langen Urteilsbegründung des Verwaltungsgerichtshofs in Mannheim diese Berst-Sicherung wiederum als unnötig bezeichnet[33]. Ein Bersten des Reaktordruckbehälters sei praktisch ausgeschlossen.

Man kann hieraus ersehen, daß wesentliche Sicherheitsfragen strittig sind. Es handelt sich um Ermessensfragen, bei denen es offenbar kein eindeutiges Urteil gibt. Wegen der grundsätzlichen Bedeutung ist eine Revision dieses Urteils beim Bundesverwaltungsgericht in Berlin zugelassen. Ermessensfragen dort, wo es um das Wohl und Wehe der Einwohner der Umgebung geht!

Steuerung der Kettenreaktion

Während des Betriebes muß ein stationärer Zustand erreicht werden, bei dem genauso viel Neutronen bei Spaltungen entstehen, wie sie zur Hervorrufung neuer Spaltungen verbraucht werden. Jeweils ein Teil der neu entstehenden Neutronen muß unwirksam gemacht werden. Das geschieht durch Absorptionsmaterialien in Form von Stäben aus Cadmium, teilweise auch mit Hilfe von Borverbindungen, die dem Reaktor-Kühlwasser beigemischt werden.

Im Beispiel unseres Reaktors sind 69 Steuerelemente mit je 20 Steuerstäben mit 1,02 cm Durchmesser vorgesehen, also 1380 bewegliche Steuerstäbe[1]. Sie werden zusammen mit den Brennelementen ausgewechselt, in die sie eingebaut sind. Beim Abstellen werden die Regelstäbe tiefer in das Reaktorgefäß heruntergesenkt, bei zunehmender Belastung herausgezogen. Hub 250 bis 300 cm[5].

Schnellabschaltung

Bei Eintritt ernsterer Störfälle, die sich zum Beispiel durch unzulässig hohe Temperaturen anzeigen, ist eine Schnellabschaltung notwendig. Dafür stehen etwa 20 Sekunden Zeit zur Verfügung, da aus den Spaltstoffen verzögert Neutronen austreten. Die Abschaltstäbe werden bei dem Befehl Schnellabschaltung durch die eigene Schwerkraft in den Kern fallen gelassen[5]. Zu beachten ist, daß die radioaktiven Spaltprodukte durch ihren Zerfall weitere Wärme in den Brennstäben erzeugen, die durch Notkühlanlagen abgeführt werden muß. Für die Sicherheit des Reaktors ist das ebenso wichtig wie die Abschaltung der Kettenreaktion.

Die Temperatur der Zirkonium-Hüllrohre darf 800 Grad Celsius nicht überschreiten. »In Verbindung mit dem Spaltgasdruck könnten sich die Hüllrohre hier ballonartig aufblähen und den Weg für das zur Nachkühlung erforderliche Wasser sperren.«[5] Ferner kann erhitztes Zirkonium der Brennstabhüllen mit Wasser reagieren und Wasserstoff freisetzen. Bei dem ersten Druckwasserreaktor-Unfall in Harrisburg am 28. 3. 1979 war das der Fall[9]. Mit Luftsauerstoff zusammen kann es unter Umständen zu einer Explosion kommen.

Der Kernreaktor arbeitet an einer Grenze

Wie wir sehen, arbeitet der Kernreaktor an der Grenze der Kernspaltungskettenreaktion, so daß Entstehung und Verbrauch von Neutronen sich die Waage halten. Diese physikalische Notwendigkeit mußte in die Regeltechnik der Kernreaktoren aufgenommen werden. Noch nie in der Geschichte der Technik hing von der richtigen Funktion einer Regeleinrichtung so viel ab wie bei Kernkraftwerken mit ihrem großen Inventar an radioaktiven Stoffen. Darum wurde eine ungeheure Intelligenz und viel Arbeit daran gewendet, aber auch hohe Kosten nicht gescheut, hier möglichst Perfektes zu leisten.

Reaktorsicherheit

Wie komplex die Aufgabenstellungen auf diesem Gebiet sind, geht aus den ersten Sätzen des Vorwortes zu dem Buch von Professor Dieter Smidt »Reaktorsicherheitstechnik« hervor: »Die Arbeitsberichte und Veröffentlichungen über Reaktorsicherheit füllen heute ganze Bibliotheken. Es ist für den Anfänger, aber auch für den Fachmann auf einem begrenzten Spezialgebiet unmöglich, sich in einer vernünftigen Zeit einen Gesamtüberblick zu verschaffen.« Der Verfasser versucht zwar unter Fortlassung von nicht unbedingt erforderlichen Details »die wichtigsten Probleme der Gesamtsicherheit darzustellen«. Immerhin ist das Buch noch etwa 300 Seiten stark. So ist es im Rahmen dieser Ausführungen nicht sinnvoll, zu versuchen, auch nur einen kleinen Einblick in dieses Gebiet zu geben.

Es sei jedoch noch ein Satz vom Schluß dieses Buches zitiert: »Es wäre eine Illusion, zu erwarten, daß in einem Kernkraftwerk Fehler in der Konstruktion, in der Fertigung oder im Betrieb ausgeschlossen werden können. In allen Bereichen muß mit menschlichem Versagen gerechnet werden.«[9]

Welche Erfahrungen liegen in dieser Hinsicht aus der Vergangenheit vor? Ein kurzer Rückblick sei hier eingeschaltet.

Absichtlich herbeigeführtes Durchgehen eines Reaktors

Im Jahre 1953/54 unternahmen die Amerikaner einen kostspieligen Versuch. Sie entfernten durch eine automatische Einrichtung bei einem kleinen Versuchsreaktor, Borax 1, plötzlich die Steuerstäbe. Innerhalb einer Zehntelsekunde hatte der Reaktor eine Energie von 10 Millionen Kilowatt entwickelt und zerbarst. Die Trümmer wurden bis zu 80 Meter hoch geschleudert[10].

Diese Explosion wurde im Film festgehalten. Ihr Ausmaß ist einer Kesselexplosion zu vergleichen, wie sie im Anfang der Dampfkesseltechnik auftraten. Bliebe es dabei allein, so wäre ein solcher Unfall tragbar. Jedoch stellt das Außerkontrollegeraten eines Atomreaktors größerer Leistung durch das Herausschleudern der radioaktiven Zerfallsprodukte eine ungeheure Gefahr dar, die mit allen Mitteln verhindert werden muß.

Ernste Reaktorunfälle bis 1961

In einer Serie von Aufsätzen im »Spiegel« ab Nr. 4/1977 wurde die Dramatik solcher Unfälle aus der Sicht der Beteiligten lebensnah dargestellt[32]. Durchweg handelte es sich um das Überschreiten einer Grenzsituation, wie sie oben charakterisiert wurde.

Hier stark gekürzt drei schwerwiegende Unfälle mit Atomreaktoren[11].

1. Versagen eines Reaktors in Chalk River, Ontario, Kanada

Am 12. 12. 1952 stieg die Leistung des 30-MW-Versuchsreaktors vorübergehend auf 60 bis 90 MW. Das lag teilweise daran, daß eine Regelung des Reaktors durch Handbedienung der Regelstäbe erfolgte, wobei Mißverständnisse eintraten. Andererseits fielen Regelstäbe nicht durch ihr Eigengewicht ganz in den Reaktor herab, sondern blieben durch mechanischen Defekt höher hängen und drosselten damit nicht genügend die Kettenreaktion ab, wie man angenommen hatte. Ein grundsätzlicher Nachteil der Reaktorregelung besteht eben darin, daß man von mechanisch bewegten Teilen abhängig ist, die auf der anderen Seite diese Bewegung nur relativ selten ganz ausführen.

So wurde der Reaktorkern erheblich überhitzt, einige Leitungen gingen entzwei und einer der Brennstäbe zerplatzte. Starke Radioaktivität erfüllte die Räume und drang nach außen. Zum Glück hatte man noch ein anderes Mittel in der Hand, den Reaktor zu stoppen. Nach dem Unfall mußte er praktisch ganz demontiert und das Gebäude mit großem Arbeitsaufwand gereinigt werden.

Wie gerade jetzt in der Presse zu lesen ist, stellten sich für einen Teil der an den Aufräumungsarbeiten beteiligten Soldaten nach Jahrzehnten Krebserkrankungen heraus, deren Prozentzahl deutlich höher lag als in der Bevölkerung sonst. Ebenso war die Todesrate erhöht, wie kanadische Ärzte, Physiker und Biologen in einer Langzeitstudie feststellten, die dem kanadischen Parlament als Grundlage für ein Entschädigungsgesetz vorgelegt wurde. (Es betrifft dieses Ersuchen noch weitere Soldaten, die bei Atombombentests Strahlungen ausgesetzt waren.)[23]

2. Unfall in einem Reaktor in Windscale (jetzt: Sellafield), England

Es handelte sich um einen für militärische Zwecke verwendeten Graphit-Reaktor, bei dem sich am 10. 10. 1957 die Uranstäbe stark erhitzten, ja sogar zu glühen anfingen und den Graphit in Brand setzten. Man hatte auf Grund eines Fehlers der Meßapparatur die Situation falsch eingeschätzt. Da Kohlensäureschnee als Löschmittel versagte, mußte man mit Wasser löschen. Sechs Tage lang entwichen aus dem Schornstein radioaktive Substanzen, die in der Umgebung herunterkamen. Die Milch der Kühe, die im Umkreis weideten, war so stark mit radioaktivem Jod verseucht, daß Tausende Liter weggeschüttet werden mußten. In weiten Teilen von England erhöhte sich die Radioaktivität der Luft, und auch über Belgien, Holland und Deutschland stellte man einen »nicht unerheblichen Anstieg der Radioaktivität« fest[11].

3. Reaktor-Unfall in Idaho, USA

Am 3. 1. 1961 wurde ein kleiner 0,3-MW-Forschungsreaktor, der eine Anzahl von Jahren gearbeitet hatte, abgestellt, um neue Instrumente einzubauen. Das geschah durch drei Leute in der Nacht. Leider überlebten sie den Unfall nicht, den man nachträglich nicht genau rekonstruieren konnte. Offenbar war durch Entfernen eines Regulierstabes eine Kettenreaktion in Gang gekommen, die zu einer Explosion führte. Auch sie blieb hinsichtlich ihres Ausmaßes im Rahmen einer Energiefreisetzung, wie sie bei chemischen Explosionen vorkommt. Die Umgebung war stark radioaktiv, so daß sich die Bergung der Verunglückten schwierig gestaltete, da sich die Bergungsmannschaft nur immer für ein paar Minuten in der Nähe der Verunglückten aufhalten konnte. 263 Personen nahmen an dieser Arbeit teil. Es dauerte Wochen, ehe die Strahlung so weit abgeklungen war, daß man gründliche Untersuchungen anstellen konnte[18].

Diese drei Unfälle zeigen, mit welcher Sorgfalt bei Kernreaktoren vorgegangen werden muß, wenn Veränderungen vorgenommen werden, die nicht Routinesache sind, eine Lehre für alle Fälle, wenn ungewöhnliche Eingriffe bei Kernreaktoren vorgenommen werden müssen.

Rasmussen-Studie als zu optimistisch widerlegt

Es wurde nie behauptet, daß schwere Unfälle in Kernkraftwerken grundsätzlich unmöglich seien. Aber es wurde als wichtig angesehen, abzuschätzen, wie groß die Wahrscheinlichkeit für das Eintreten eines größtmöglichen Unfalls wäre. So wurde von der US-Atomenergiebehörde Norman Rasmussen beauftragt, ein Gutachten über die Sicherheitsrisiken der Atomkraftwerke zusammen mit 60 weiteren Wissenschaftlern auszuarbeiten. Dieser Bericht mit einem Umfang von rund 3000 Seiten wurde von 1975 an offizielle Regierungsunterlage. In ihr stand der von den Anhängern der Atomenergie immer wieder zitierte Satz: Die Gefahr, daß es bei der Lieferung von Atomenergie einen nennenswerten Unfall gäbe, sei etwa so groß wie das Risiko, daß eine Stadt in Amerika von einem Meteoriten getroffen werde, nämlich einmal im Laufe von einer Million Jahren.

Als fußend auf zu optimistischen Annahmen, distanzierte sich jedoch 1979 die Nachfolgerin der alten Atomenergiekommission, die »Nuclear Regulatory Commission«, die über die Sicherheit der Atomreaktoren wacht, von der Rasmussen-Studie. Zu Fall gebracht wurde sie von Professor Harold Lewis, einem Physiker aus Kalifornien, der sich selber als einen Mann bezeichnete, der »sehr für Atomenergie ist«[4, 24]. Immerhin war die Stimmung der Öffentlichkeit, Atomkraftwerke seien unglaublich sicher, noch kaum getrübt, als die Nachricht einschlug, daß ein schwerer Unfall im Atomkraftwerk bei Harrisburg eingetreten war.

Beinahe-GAU im Kernkraftwerk bei Harrisburg am 28. 3. 1979

(GAU = größtmöglicher anzunehmender Unfall). Dieses Atomkraftwerk Three Mile Island war erst kurze Zeit in Betrieb, als es außer Kontrolle geriet. Der sehr komplizierte Ablauf von Vorgängen, die dazu führten, kann hier nicht wiedergegeben werden[9]. Kurz zusammengefaßt: Nach Abschalten des Reaktors erhitzten sich die Brennelemente durch die weiter entstehende Zerfallsenergie und

Mangel an Kühlwasser unzulässig hoch. Die Gefahr eines Zusammenschmelzens der Brennstäbe mußte befürchtet werden und damit die Freisetzung großer Mengen radioaktiver Stoffe. De facto entwickelte sich eine Wasserstoffblase im Reaktorkessel. Wasserstoff gelangte auch in den Sicherheitsbehälter. Vorübergehend mußte eine Explosion mit der folgenden Freisetzung großer Mengen radioaktiver Stoffe befürchtet werden, so daß man eine Evakuierung der Stadt Harrisburg erwog. Einige Tage bangte die ganze zivilisierte Menschheit um die Betroffenen. Präsident Carter begab sich nach Harrisburg. Zum Glück konnte die Situation unter Heranziehung von Experten gemeistert werden. Wie man nachher feststellte, waren Hunderte von Brennstäben defekt geworden[17, 25].

Verhalten der Behörden

Leider verhielten sich die US-Behörden äußerst hilflos. In einer Zusammenfassung der Tonbandprotokolle der US-Atomkontrollbehörde heißt es: »Noch zwei Tage nach Beginn des Reaktorunglücks vom 28. März herrschte bei den Verantwortlichen totale Verwirrung darüber, wie die hochbrisante Situation entschärft werden könnte.« Am Freitag, dem 30. März, befürchteten die Verantwortlichen, daß die Brennstäbe des Reaktors wegen einer Wasserstoffblase teilweise schmelzen und es danach zum größten anzunehmenden Unfall kommen könnte. Etwa zu diesem Zeitpunkt äußerte der Chef der US-Atomkontrollbehörde NRC, Joseph Hendrie: »Wir arbeiten fast völlig blind. Die Informationen sind verschwommen, ich habe überhaupt keine – ich weiß nicht, es ist, als ob ein paar blinde Männer herumstolpern und Entscheidungen treffen.« Die Situation war für die Beteiligten so kompliziert, daß zeitweise nicht nur die Bedienungsmannschaft in der Schaltwarte, sondern auch die Fachleute überfordert waren. Die Bevölkerung war dieser Lage ausgeliefert.

Was wird getan, damit in Zukunft derartige Notfallsituationen besser gegriffen werden! Katastrophenpläne wurden ausgearbeitet. Helfen sie bei unserer großen Bevölkerungsdichte[8, 25]?

Kernkraftwerk Harrisburg sieben Jahre später

Der Reaktor Nr. 2 liegt noch immer still. Jedoch ist die Kommandozentrale ständig mit drei Mann besetzt, die an Hand von Instrumenten den defekten Reaktor überwachen. Denn noch immer ist er heiß, besonders am Boden, wo sich das Material der allerdings nur zum Teil geschmolzenen Brennstäbe befindet. Durch radioaktiven Zerfall verändert sich die Schlacke noch laufend, die etwa die Hälfte des Reaktors ausfüllt. Über ihre Zusammensetzung weiß man nichts Genaues.

Erst im Juli 1986 eröffnete sich die Möglichkeit, durch Anbohren eine Probe zu entnehmen und zu versuchen, mit einer Fernsehkamera weitere Einzelheiten zu erforschen. Wegen der immer noch hohen radioaktiven Strahlung ist eine solche Unternehmung äußerst schwierig.

Ob der Reaktor wieder in Betrieb gesetzt werden kann, ist fraglich. Ebenso fraglich ist, ob die Bevölkerung bereit wäre, den Unglücksreaktor wieder anzunehmen. Denn auch in Amerika ist der politische Widerstand gegen die Kernenergie im Zunehmen.

So dient er den Wissenschaftlern wenigstens als ein willkommenes Forschungsobjekt. Auch Japaner sind beteiligt, die sich mit 18 Millionen Dollar an den immensen Kosten beteiligen. Man befindet sich in jeder Hinsicht auf Neuland. Darum muß sich der Besucher einer strengen Kontrolle unterwerfen und wird auch ständig beobachtet. Manches darf nicht fotografiert werden, weil es sich um Technologien handelt, die nicht ins Ausland gelangen sollen.

Die ganze Anlage wird nun seit Jahren von Reinigungspersonal in gelben Schutzanzügen, ähnlich denen von Astronauten, durch sorgfältiges Waschen von der Radioaktivität befreit. 13 000 Menschen waren bisher daran beteiligt, wobei man voraussetzen darf, daß jeder hierfür Tätige aus Gesundheitsgründen nur eine gewisse Zeit mit dieser Arbeit beschäftigt werden kann. Die Reinigung wird erst 1988 beendet sein.

Die Kosten sind enorm. Sie werden sich auf etwa eine Milliarde Dollar belaufen, etwa zweieinhalbmal soviel, wie der Bau des Reaktors gekostet hat. Ein knappes Drittel davon war durch Versicherungen gedeckt, ein Drittel sowie auch den größten Teil der Forschungskosten übernimmt das Energieministerium. Den Rest tragen die Elektrizitätsversorgungs-Unternehmen, die natürlich die Kosten auf die Stromverbraucher abwälzen. Hinzu kommen die Ausfallkosten für nicht abgesetzten Strom.

Das ganze gibt ein eigenartiges Bild der Kehrseite des technischen Fortschritts unserer Zeit! (39: 29. 7. 1986)

Wissenschaftliche Untersuchungen

Dieser Beinahe-GAU hat in der Fachwelt seinerzeit einen Schock ausgelöst, trotz der beschwichtigenden Meldungen in den Zeitungen, bei uns könne so etwas nicht passieren. Es wurden sofort wissenschaftliche Untersuchungen angestellt, was passiert, wenn Kühlung und Notkühlsystem des Reaktors versagen und es zum Schmelzen des Reaktorkerns kommt. Diese Untersuchungen fanden sowohl an der Universität Stuttgart (Bericht und Ausstellung am Tag der offenen Tür am 23. 10. 1979) als auch im Kernforschungszentrum Karlsruhe statt.

Typisch für diese Fragen auf dem Gebiet der Kerntechnik ist es, daß man der Giftwirkung der radioaktiven Substanzen halber selbstverständlich die Verhältnisse experimentell nicht nachvollziehen kann. Man versucht zwar mit nicht radioaktiven Metallen ähnliche Verhältnisse nachzubilden. Diese entsprechen dann aber nur angenähert der echten Situation. Von gewissen Annahmen ausgehend, werden Computerprogramme aufgestellt und durchgerechnet. Man hofft, der Wirklichkeit dabei nahezukommen.

Die Ergebnisse der Untersuchungen wurden anläßlich des 8. Jahreskolloquiums des Projekts Nukleare Sicherheit, November 1981, im Kernforschungszentrum Karlsruhe mitgeteilt. Dabei wurde deutlich, daß es bei einem Kernschmelzunfall frühestens nach viereinhalb Tagen zu einem Überdruck kommt, der den äußeren Reaktorsicherheitsbehälter zum Versagen (Bersten?) bringt. Diese Zeit steht dann für den Bevölkerungsschutz (Evakuierung?) zur Verfügung. Zum Glück vermindern sich vorher die luftgetragenen radioaktiven Substanzen innerhalb des Sicherheitsbehälters deutlich. Es ist zu hoffen, daß die ermittelten Ergebnisse mit der Wirklichkeit übereinstimmen[26]!

Brennelementwechsel und Reparaturen

Nach etwa einjährigem Betrieb des Reaktors müssen die Brennelemente in ihrer räumlichen Anordnung im Reaktor ausgetauscht und etwa ein Drittel davon durch neue ersetzt werden. Die abgebrannten Elemente werden in einem neben dem Reaktordruckgefäß vorgesehenen Wasserbecken zwischengelagert. In dieser Zeit wird die Nachzerfallswärme durch ein getrenntes Kühlsystem abgeführt. Nach 100 bis 200 Tagen ist die Radioaktivität so weit abgeklungen, daß ein Abtransport in Spezialbehältern mit Neutronen- und Bleiabschirmung erfolgen kann[12]. Der Brennelementwechsel dauert bestenfalls einen Monat, unter Umständen zweieinhalb Monate (Philippsburg 1 von Anfang Juni bis Mitte August 1982). Hier handelt es sich um Routinearbeiten, für die entsprechende technische Einrichtungen mit Fernbedienung vorgesehen sind.

Anders liegt es, wenn Reparaturarbeiten im radioaktiven Bereich des Kernkraftwerkes notwendig werden. Die Materialien unterliegen außer den Beanspruchungen, die von konventionellen Kraftwerken her bekannt sind, noch ganz anderen. Sie hängen mit der starken Neutronen- und Gammastrahlung zusammen, die von den Brennelementen herrührt. So wurde im Februar 1981 bekannt, daß auf Anordnung der Bonner Reaktorsicherheitskommission insgesamt vier Kernkraftwerke (mit Siedewasser-Reaktoren) in der Bundesrepublik für jeweils mehr als ein Jahr abgeschaltet werden müssen. Es ist das mehr als ein Drittel der in der Bundesrepublik installierten Kernkraftwerkskapazität. Sämtliche Rohrleitungen und Ventile des Primär-Kühlkreises in diesen Anlagen müssen aus Sicherheitsgründen ausgewechselt werden, weil das Material den Beanspruchungen nicht standhält. Geschätzte Kosten 300 Millionen DM je Kraftwerk sowie die Kosten für die Ausfallzeit[27]. Oder man liest folgende Schlagzeile in der Zeitung: Eine Schraubenmutter klappert im Reaktor. Das Atomkraftwerk Fessenheim (Frankreich) muß deshalb viele Monate abgeschaltet werden, denn Reparaturen im radioaktiven Primärkreislauf sind außerordentlich zeitraubend und kostspielig, weil sie mit ferngelenkten Geräten vorgenommen werden müssen[28].

Von einer Fülle von Störquellen gewichtigerer Art seien erwähnt: Schwingungserscheinungen, die zu Beanspruchungen führen, Bestrahlungsversprödungen des Materials, Spannungsrißkorrosion, Klemmen von Ventilen usw.

Reparaturarbeiten sind im radioaktiven Teil weder leicht durchführbar, wie bei konventionellen Kraftwerken, noch billig. Wegen der hohen Strahlenbelastung werden, wenn möglichm fernbediente Geräte verwendet. Wenn Monteure tätig sind, muß darauf geachtet werden, daß sie gesundheitlich nicht Schaden leiden. Bei länger andauernden Reparaturen würde das kernkraftwerkeigene Personal zu hohen Strahlendosen ausgesetzt. Es bleibt dann nichts anderes übrig, als betriebsfremde Leute vorübergehend einzusetzen, die sich abwechseln.

Ein weiteres Beispiel: Haarrisse werden im Fessenheimer Reaktor festgestellt. Man untersucht mit ferngesteuerten Geräten. Es sind dann schwere Entscheidungen zu treffen: Soll ein solcher Reaktor in Betrieb bleiben oder stillgelegt werden? Ermessensfragen! Ermessensfragen sind in der Technik häufig, im Auto ersetzt man die Bremsleitung, tauscht den Motor aus. Aber hier, wo es um Beträge von Hunderten von Millionen DM geht?

Als 1974/75 bei Routineuntersuchungen von drei der 23 amerikanischen Siedewasserreaktoren Haarrisse in Rohrleitungen der Notkühlsysteme festgestellt wurden, entschloß man sich daraufhin, sämtliche Reaktoren zur Instandsetzung stillzulegen. Alterungserscheinungen am Primärkreislauf von Kernkraftwerken sind sehr ernst zu nehmen und können zu schweren Unfällen führen.

Die mittlere Arbeitsausnutzung der noch relativ neuen Kernkraftwerke in der Bundesrepublik lag von 1970 bis 1975 bei nur 60 bis maximal 70 %. Bei konventionellen Kraftwerken liegen die Verfügbarkeiten weit höher[20, 1].

Stillegung von Kernkraftwerken

Am Beispiel des kleinen Atomkraftwerks Gundremmingen 1 von nur 250 MW, das als erstes in der Bundesrepublik Deutschland die Stromlieferung aufnahm, wird die damit zusammenhängende Problematik deutlich. Dieses Kraftwerk war von November 1966 bis Januar 1977 in Betrieb, als es infolge eines Störfalles abgeschaltet wurde. Die zu erfüllenden Sicherheitsauflagen waren zu teuer, um verwirklicht zu werden. Was geschieht mit der Ruine? Alle radioaktiven Teile im Sicherheitsbehälter lagern und dicht abschließen für 100 Jahre oder länger? Widersteht der Sicherheitsbehälter für diese Zeit der Witterung? Dafür ist er wohl nicht konzipiert! – Oder das Kernkraftwerk abreißen? Man schätzt die Kosten auf 80 bis 150 Millionen DM. Dazu neben den Brennelementen 1300 Tonnen Metallschrott von mittlerer Aktivität und 700 Tonnen durch Neutronenbestrahlung aktivierter Stahlbeton. Voraussichtlich dauert die Abbruchzeit vier bis sechs Jahre. Hat man diese Problematik bei Baubeginn 1960 bedacht und Geldmittel bereitgestellt? – Übrigens erhofft man sich bei modernen Atomkraftwerken eine Betriebszeit von 30 bis 40 Jahren. Kann diese Hoffnung erfüllt werden[29]?

Wiederaufarbeitung der Brennelemente von Kernreaktoren

Man könnte die verbrauchten Brennelemente ohne weiteres ohne Wiederaufarbeitung einer Endlagerung zuführen. Mehrere Gesichtspunkte sprechen aber für die Wiederaufarbeitung der verbrauchten Brennelemente.

1. Chemische Trennung des hoch radioaktiven, neu entstandenen Plutoniums (0,9 %), um dadurch die Endlagerung zu entlasten. Plutonium kann wieder als Kernbrennstoff verwendet werden.
2. Ausnutzung des Restanteils des spaltbaren Uran-235 (0,76 %). Das nicht spaltbare Uran-238 (96,8 %) der verbrauchten Brennelemente läßt sich im sogenannten schnellen Brutreaktor in Plutonium verwandeln, das seinerseits als Kernbrennstoff verwendbar ist[13]. »Die Wiederaufbereitungstechnik entstammt dem mili-

tärischen Bereich und diente ursprünglich der Gewinnung von Plutonium für Kernwaffen.« Jedoch handelte es sich dort um Material mit geringem Plutonium-Gehalt und weniger Radioaktivität als bei den Brennelementen der Kernkraftwerke[13].

Das Verfahren der Wiederaufarbeitung ist vereinfacht folgendes:

a) Brennelement-Lagerung im Wasserbecken, bis ein Teil der radioaktiven Strahlung abgeklungen ist.,
b) Zerschneiden und Auflösen in Salpetersäure,
c) chemisches Abtrennen von Uran und Plutonium und Fertigung von neuen Brennelementen,
d) Endlagerung der Abfälle.

Es ist leicht einzusehen, daß die Natur dieses Verfahrens ferngesteuerte Eingriffe an vielen Stellen notwendig macht und ein Abschluß der radioaktiven Substanzen gegen die Umwelt um ein Vielfaches komplizierter und schwieriger als bei einem Kernkraftwerk ist.

»In der Gesamtheit nuklear-technischer Anlagen ist die Aufarbeitung jener Industriezweig mit der stärksten radioaktiven Umweltbelastung. Die Aufarbeitungsanlagen geben 10- bis 1000mal soviel Radioaktivität an die Luft ab, wie alle von ihr betreuten Kernkraftwerke im Normalbetrieb zusammen.«[3] Ferner muß aus Sicherheitsgründen in den einzelnen Abschnitten des chemischen Trenungsvorganges beachtet werden, daß eine kritische, zur Kettenreaktion führende Menge spaltbaren Materials vermieden wird. Wiederaufarbeitungsanlagen bedeuten einen weitaus riskanteren Schritt in Richtung einer Gefährdung der Umwelt mit radioaktiven Stoffen als das Betreiben von Kernkraftwerken. Ihre Technik ist kompliziert, kostenaufwendig und nicht risikofrei.

In mancher Hinsicht aufschlußreich war der letzte größere Unfall in der Aufarbeitungsanlage La Hague an der französischen Kanalküste, Anfang Januar 1981. Er wurde mehrfach in der Presse besprochen[30]. Es handelte sich um einen Schwelbrand von zerkleinerten Brennelementen in einem 150 Quadratmeter großen Lagerraum eines Silos. Die Bekämpfung des Feuers, das in den Morgenstunden entdeckt wurde, war bis in die Nachtstunden unmöglich, weil die aus dem Lager austretenden Rauchwolken Caesium enthielten, das beim Kontakt mit Löschwasser ein explosives Wasserstoffgemisch bildet. Aus dem über 200 km entfernten Le Havre mußte ein Lastwagen mit Stickstoff beordert werden, mit dem der Brand dann erstickt werden konnte. Die Gewerkschaften legten der Direktion des Werkes mit 2000 Beschäftigten Unfähigkeit und Verantwortungslosigkeit zur Last. Man habe den Brand erst mit stundenlanger Verspätung bekanntgegeben. Im Gegensatz zu der Mitteilung der Firmenleitung, die von einer nur geringen, über das zulässige Maß nicht hinausgehenden radioaktiven Belastung sprach, seien etwa 400 Menschen nennenswert betroffen, darunter 19 Feuerwehrleute und ein Maler schwer verseucht mit der für Menschen zulässigen jährlichen Höchstdosis. Letzteres bestätigte die Direktion später. 300 Fahrzeuge in der Umgebung wurden gesäubert, was auf einen nennenswerten Ausstoß an radioaktiven Aerosolen schließen läßt.

Wenige Tage später wurde ohne Zusammenhang hiermit das Werk für wenigstens 24 Stunden stillgelegt, weil ein Leck in einer Rohrleitung unterhalb des Gebäudes entdeckt worden war, in der hoch radioaktive Flüssigkeiten in einen anderen Teil des Werkes geleitet werden[30].

Außer in Frankreich existieren (von Versuchsanlagen abgesehen) nur noch in England und Japan je eine kommerzielle Wiederaufarbeitungsanlage. In der englischen Anlage in Windscale (Sellafield) kam es 1973 zu einem ernsten Störfall. Danach wurde die Anlage drei Jahre stillgelegt und arbeitet seither nur noch zur Aufarbeitung von niedrig abgebrannten Brennstäben von Graphit-Reaktoren. Die japanische Anlage besteht seit 1979. Nachdem sie nur 14 Tonnen Material verarbeitet hatte, wurde sie wegen Schwierigkeiten 15 Monate stillgelegt und hat seither keinen nennenswerten Ausstoß mehr (1982). Von zwei amerikanischen Anlagen wurde eine nach einem Unfall 1972, die zweite nach Schwierigkeiten 1974 stillgelegt und die dritte 1976 halb fertig aufgegeben, weil die Industrie kein Interesse mehr zeigte. – Die erwähnten Erfahrungen sprechen für sich[35].

Plutonium

Ein weiteres Problem ist der Umgang mit dem leicht brennbaren und hochgiftigen Plutonium. »Von der Anlage in Rocky Flats, Colorado, USA, in der Plutoniumteile für Atombomben hergestellt wurden, sind wiederholt Plutoniumbrände bekanntgeworden.« So das Großfeuer vom 11. 5. 1969, bei dem in der Anlage ein Schaden von 45 Millionen Dollar eintrat. Radioaktive Aerosole gelangten dabei in die Umwelt.

Plutonium in einer Teilchengröße von $1/1000$ Millimeter ist hinsichtlich der Aufnahme und seiner Ablagerung in der Lunge besonders gefährlich und kann zu Lungenkrebs führen[3]. 0,6 Millionstel Gramm wurden als Obergrenze der Belastung des menschlichen Organismus bestimmt – wobei manche Verfasser der Meinung sind, daß dieser Wert viel zu hoch liegt[3, 18].

Zur Frage der Endlagerung radioaktiver Abfälle

Es ist eine Naturtatsache, daß es kein Mittel gibt, radioaktive Zerfallsprozesse zu beeinflussen. Nach einem ehernen Gesetz findet der von lebensbedrohender Strahlung begleitete Zerfall statt. Was tun mit den im Atomreaktor künstlich erzeugten radioaktiven Substanzen, mit Halbwertszeiten, die bis zu 24 400 Jahren, wie beim Plutonium, reichen und darüber? Diese Stoffe dürfen in derartigen Zeiträumen weder in die Lufthülle der Erde, noch in das Grundwasser oder die Weltmeere gelangen!

Seit Jahrzehnten steht diese Aufgabe zur Lösung an. Sie wird aufgeschoben, weil im Grunde genommen das menschliche Vorausschau-Vermögen bei weitem überfordert ist. Um unseren heutigen Lebensstandard zu bewahren, belastet man die künftigen Generationen über Jahrtausende mit nicht entgiftbaren Stoffen, die ihre Gesundheit bedrohen, Substanzen, die ihrem physikalischen und chemischen Verhalten nach nicht die Tendenz haben, sich einzukapseln, sondern umgekehrt sich auszubreiten und aufzulösen. Steht der Gewinn an Energie für wenige Generationen unserer Zeit in einem richtigen Verhältnis zu den Gefahren und Sorgen, die man Menschen in ferner Zukunft aufbürdet? In die Geschichte könnte einmal unsere Zeit als die rücksichtsloseste, egoistischste, eingehen, die es je gegeben hat.

Als sicherste Endlagerungsstätte in Westdeutschland bezeichnet man die Salzstöcke im Kreis Lüchow-Dannenberg, bei Gorleben. Der Stand der Dinge ist nach Auskunft der deutschen Gesellschaft zum Bau und Betrieb von Endlagern für Abfallstoffe (DBE) der, daß erst in zehn Jahren eindeutig gesagt werden könne, ob der Salzstock bei Gorleben für eine Endlagerung von radioaktiven Abfallstoffen geeignet sei. Allein für ein Erkundungsbergwerk müsse bis 1992 schätzungsweise eine Milliarde DM aufgebracht werden[31]. Für radioaktive Abfälle ist die Frage der laufenden Abgabe von radioaktiver Strahlung und Wärme und ihre Rückwirkungen auf das Salz zu prüfen. Die wissenschaftlich zu klärenden Fragen sind so komplex, daß Meinungsverschiedenheiten auftreten. Auch hier handelt es sich um Ermessensfragen, die so oder so beantwortet werden können.

Man gelangt schließlich in eine Zwangslage, weil in den Atomkraftwerken laufend weitere radioaktive Abfälle entstehen. So ist bereits von geplanten Probebohrungen am Hochrhein für schweizerische Atommüll-Lager zu lesen. Wo überall ist nicht noch eine »sichere Unterbringung des Mülls für 10 000 Jahre« möglich? Abgesehen davon muß man kein Prophet sein, um vorauszusagen, daß die Kosten für Wiederaufarbeitung der Kernbrennstoffe und Beseitigung des Atommülls ähnliche Steigerungen erfahren wie die des »Schnellen Brüters« und des Hochtemperatur-Reaktors. Denn die technischen Einrichtungen sind nun einmal aufwendig und müssen teilweise erst entwickelt werden. Das gilt zum Beispiel für eine notwendig werdende Anlage zur Verglasung hoch radioaktiver »heißer« Abfälle. Eine erste Anlage dieser Art beim Kernforschungszentrum Karlsruhe war vorgesehen, um die dort in einem strahlensicheren Bunker lagernden flüssigen, hoch radioaktiven Abfälle zu verfestigen. Neben den Kosten der kleinen Anlage müssen Lizenzgebühren in Höhe von mehreren Millionen DM bezahlt werden[31].

Wie aus diesen Ausführungen hervorgeht, ist – wenn keine Bindung an Borsilikatglas erfolgt – hoch radioaktiver Atommüll flüssig. Es handelt sich um stark salpetersaure Lösungen der radioaktiven Substanzen. Diese Flüssigkeiten werden in Edelstahlbehältern aufbewahrt. Die laufend entstehende Wärme muß durch Kühlung abgeführt werden. Damit nicht örtlich Überhitzungen stattfinden und explosionsartige Verdampfung erfolgt, muß eine Preßluftumwälzung des Inhalts stattfinden. Die Lagertanks werden durch die Säure und Strahlungen angegriffen und müssen von Zeit zu Zeit erneuert werden[3]. Von 1944 bis 1973 wurden in den USA 198 Edelstahltanks für die Aufbewahrung radioaktiver Flüssigkeiten gebaut. Bis 1973 waren 20 Tanks undicht geworden. Es kam dadurch zur Freisetzung großer Mengen radioaktiver Flüssigkeiten[4]. Man muß nicht Fachmann sein, um zu übersehen, was da in Zukunft auf die Verbraucher von Atomenergie zukommt – nicht nur an Kosten, sondern auch an Sorgen. Der vielfach benutzte Ausdruck »Entsorgung« ist irreführend!

Der »Schnelle Brüter«

Natur-Uran besteht zu 0,7 % aus spontan zerfallendem Uran-235 und zu 99,3 % aus nicht spaltbarem Uran-238. Ersteres reichert man auf 2 bis 4 % an und nutzt die freiwerdende Energie in wassergekühlten Reaktoren. Im Schnellen Brüter wird zusätzlich Uran-238 in besonders angeordneten Brennstäben durch sogenannte schnelle Neutronen, die nicht durch Kühlwasser abgebremst werden, in das künstliche radioaktive Element Plutonium umgewandelt (erbrütet)[14]. Dieses kann anschließend angereichert und zur Energieerzeugung verwendet werden. Auf diese Weise kann Natur-Uran zu ca. 60 % zur Energiegewinnung ausgenutzt werden. Radioaktive Zerfallsprodukte entstehen dabei ähnlich wie beim Druckwasserreaktor[6].

Eine derartige Vervielfältigung der Energie-Ausbeute ist bestechend und hat zu großen Anstrengungen geführt, die hierzu notwendige Technik zu entwickeln. Wie aufwendig sie ist, geht aus den gewaltigen Kosten von knapp 6 Milliarden DM (1982) hervor, die für das relativ kleine Atomkraftwerk von 300 MW in Kalkar aufgebracht werden müssen. Anfang der siebziger Jahre wurden nur Baukosten in Höhe von 800 Millionen DM genannt, die sich bis zum Baubeginn 1973 auf 1,5 Milliarden DM erhöhten, und schließlich auf über 6 Milliarden DM anwachsen! Die Fertigstellung verzögerte sich um sechs Jahre.

Brüter-Reaktor

Die enorme Kostensteigerung von 800 Millionen auf 6 Milliarden DM spiegelt die technische Problematik dieses Reaktortyps wider. Sie kann auch für den Laien verständlich in einigen Punkten kurz angedeutet werden[34].

1. Leistungsdichte

Die Leistungsdichte* ist beim Brüter außerordentlich hoch, nämlich drei- bis fünfmal höher als bei einem Druckwasserreaktor. Zwar werden dadurch die Abmessungen geringer – zum Beispiel sind die Brennstäbe nur 1,6 Meter lang – was von Vorteil ist. Andererseits kann Wasser aus diesen und vor allem physikalischen Gründen – es würde ja die Neutronen abbremsen – nicht als Wärmeübertragungsmittel verwendet werden.

2. Kühlmittel Natrium

Als Kühl- und Wärmeübertragunsmittel hat sich flüssiges Natrium – ein spezifisch etwas leichteres Metall als Wasser – mit einem Schmelzpunkt von 110 Grad und einem Siedepunkt von 880 Grad bei Normaldruck eingeführt[6, 21]. Es verhält sich dadurch günstig, daß es bei der Arbeitstemperatur des Reaktors um 550 Grad Celsius nicht unter Druck steht, also den Reaktorkessel und die Rohrleitungen nicht belastet. Andererseits wird es stark radioaktiv. Weiterhin sind seine chemischen Eigenschaften nicht problemlos. Es entzündet sich bei den auftretenden Temperaturen schlagartig an

* Unter Leistungsdichte versteht man die pro Liter des Reaktorinhaltes erzeugte Energie. Beim »Schnellen Brüter« sind das 300 bis 400 kW pro Liter. Das heißt: in einem Raum von 10×10×10 cm Größe entsteht eine so große Energie, wie sie 150 bis 200 elektrische Heizöfen von je 2000 Watt liefern[21].

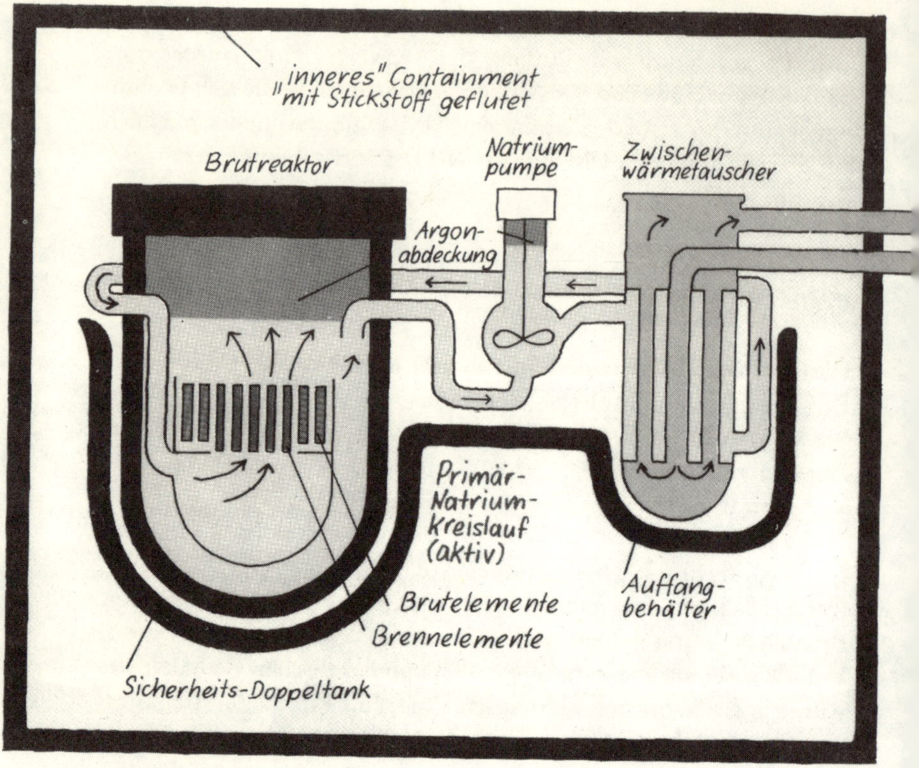

Luft und verbrennt zu einem ätzenden Gas. Mit Wasser reagiert es sehr heftig unter Freisetzung von Wasserstoff, der mit der Luft zusammen Knallgas bilden kann.

Aus Sicherheitsgründen schaltet man noch einen zweiten Kühlkreislauf ein, der über einen Wärmeaustauscher die Wärme an den Dampferzeuger für den eigentlichen Turbinenkreislauf weitergibt. Bei Undichtigkeiten in der Rohrleitung kann dann zwar eine heftige Reaktion zwischen Wasser und Natrium stattfinden. Die freigesetzten Substanzen sind aber nicht radioaktiv. Man sucht die Entstehung von Knallgas durch einen unter Schutzgas stehenden Abscheider zu verhindern, der für diesen Notfall vorgesehen ist[6].

3. Steuerung des schnellen Brüters

Beim Druckwasserreaktor hilft bei der Regulierung eine Art

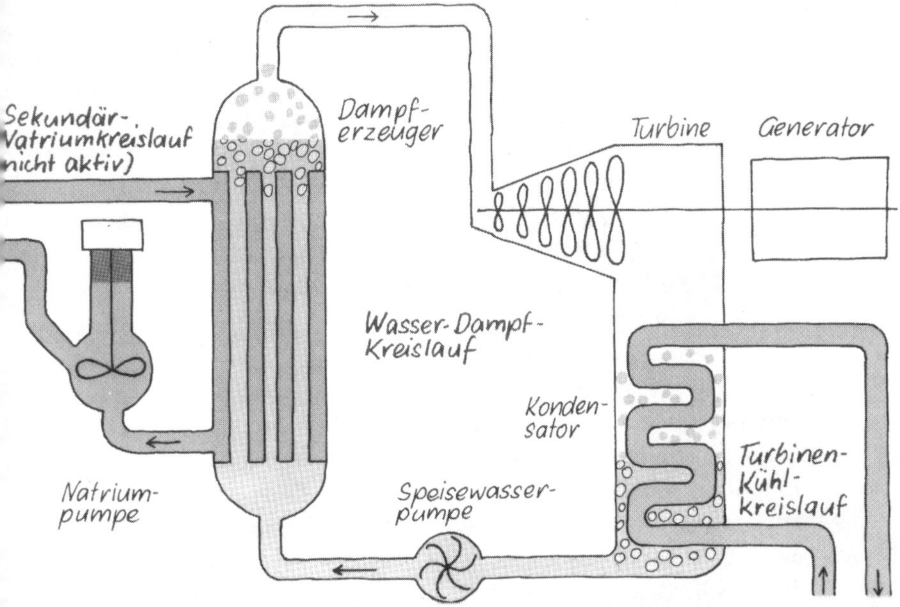
Sekundär-
atriumkreislauf
nicht aktiv)
Dampf-
erzeuger
Turbine
Generator
Wasser-Dampf-
Kreislauf
Konden-
sator
Turbinen-
Kühl-
kreislauf
Natrium-
pumpe
Speisewasser-
pumpe

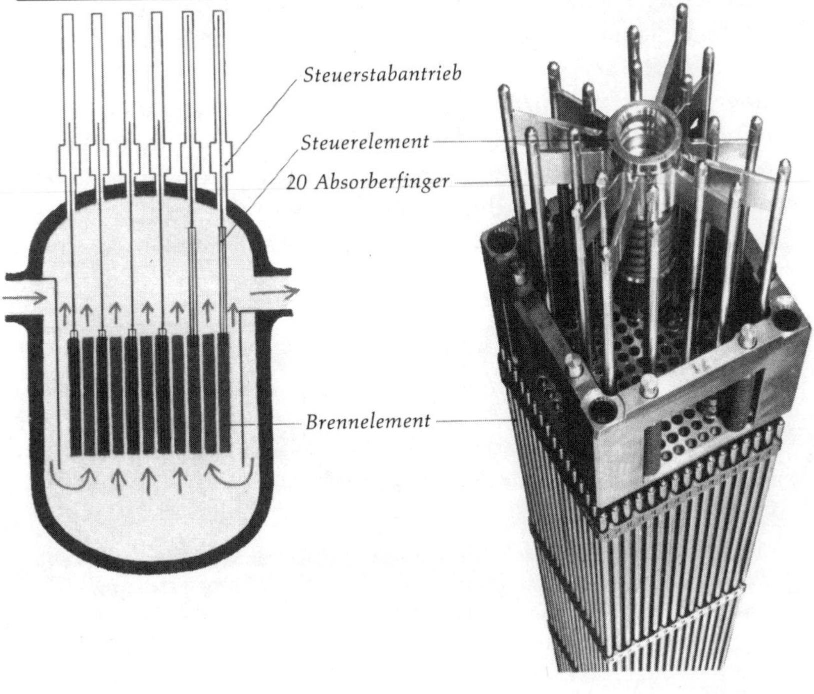
Steuerstabantrieb
Steuerelement
20 Absorberfinger
Brennelement

Selbststabilisierung. Denn beim Ansteigen der Temperatur dehnt sich das Material aus. Die damit abnehmende Dichte hat geringeren Zerfall zur Folge. Veränderungen der Geometrie führen nicht unmittelbar zu einem Leistungsanstieg. Bei Kühlmittelverlust sinkt die Reaktivität (die Reaktorleistung nimmt ab).

Beim »Schnellen Brüter« liegen die Verhältnisse anders. Bei Ausfall des Kühlmittels Natrium, was nicht nur durch Versagen der Hauptkühlmittelpumpen, sondern auch lokal durch eine unentdeckte Verstopfung einiger Kühlkanäle in einem Brennelement eintreten kann, oder beim Dampfblasen im Natrium sowie geometrischen Veränderung des Reaktorkerns vergrößert sich die Reaktivität außerordentlich rasch, das heißt, die Leistung erhöht sich und führt zu einer Überhitzung der Brennstäbe[5, 6].

Zu diesem wichtigen Punkt eine Äußerung von Professor von Ehrenstein, Bremen, aus dem Protokoll des Expertengesprächs vom 19. Mai 1977 im Bundesministerium für Forschung und Technologie: »Die Sicherheitsbedenken beim ›Schnellen Brüter‹ sind besonders hoch. Fast alle Veränderungen am Reaktor, zum Beispiel der Geometrie, erhöhen die Reaktivität* und damit die Gefahr eines Großunfalls mit verheerenden Folgen. Der ›Schnelle Brüter‹ kann vom Prinzip her nicht inhärent gemacht werden (Sicherheit, die einer technischen Einrichtung auf Grund ihrer Konstruktion anhaftet). Es stellt sich so das Problem der besonderen Gefährdung durch menschliches Fehlverhalten und durch Sabotage in einem verschärften Licht dar. Die mögliche großräumige, politische Erpressung kann vor dem Hintergrund dieses ungeheuren Gefährdungspotentials kaum übertrieben werden.«

Schnellabschaltung

Wegen des schnellen Anstiegs der Leistung bei einem ernsten Störfall nach wenig mehr als einer Sekunde[5], müssen die Abschaltstäbe

* Erhöhung der Reaktivität bedeutet, daß die Zahl der zur Kernspaltung zur Verfügung stehenden Neutronen zunimmt und damit auch die Energieerzeugung.

sehr rasch arbeiten. Es ist das ein technisches Problem ersten Ranges, dem man durch zwei Abschaltsysteme verschiedener Art zu begegnen versucht: Abschaltstäbe, die durch ihre eigene Schwerkraft in den Reaktorkern hineinfallen, und weitere, die von unten durch Federn in ihn hereingezogen werden.

Zerlegung des Kerns

Beim Versagen dieser Einrichtungen kommt es »zu prompt überkritischem Zustand des Reaktors. Die starke Leistungszunahme führt zur Brennstoffverdampfung und, soweit noch Natrium vorhanden ist, auch zur Verdampfung des Kühlmittels. Durch den Druckaufbau kommt es zu einer Zerlegung des Kerns.« Neben der Wärmenergie wird auch mechanische Energie freigesetzt. Im ungünstigsten Fall kann es zu einer Dampfexplosion kommen, »die starke Auswirkungen auf die Strukturen haben kann«[5]. Bei dem für Kalkar vorgesehenen »Schnellen Brüter« ist für den Fall, daß der Reaktortank durchschmilzt, eine Bodenkühleinrichtung mit eingebauten Kühlschlangen mit dem Kühlmittel Natrium vorgesehen[6] – eine technisch aufwendige und kostspielige Einrichtung – sie wird aber durch mehrere heikle Betriebserfahrungen mit diesem Reaktortyp nahegelegt, die in USA gemacht wurden, so mit dem ersten experimentellen Brutreaktor, der 1951 im Staat Idaho in Betrieb genommen wurde. Er mußte wegen eines Unfalles, der die Brennelemente teilweise zerstörte, stillgelegt werden[19].

Störungen beim Versuchsreaktor Enrico Fermi 1 in Monroe (Michigan)

Ein weiterer schneller Brüter der geringen Leistung von 60,9 MW in der Nähe von Monroe, war nur kurze Zeit in Betrieb. Ein flaches Stück Metall hatte das Kühlmittel Natrium an einem Brennelement blockiert. Zwei Brennelemente kamen teilweise zum Schmelzen. Radioaktivität trat aus. Durch die Umsicht der Bedienungsmannschaft konnte ein größeres Unglück verhindert werden. Beinahe vier Jahre dauerte die Reparatur. Die zweite Betriebsphase von Mitte 1970 an dauerte nur kurze Zeit.

Dann traten ca. 100 kg radioaktives Natrium aus und kamen mit Wasser in Berührung. Der nach einer Explosion entstandene Brand konnte mit dem Edelgas Argon, das man in das Gebäude einströmen ließ, erstickt werden. Der Reaktor wurde dann endgültig stillgelegt.

Das Programm der »Schnellen Brüter« ist dadurch »wegen der steigenden Kosten und der massiven Kritik der Umweltschützer (in USA) deutlich in Verzug geraten«[18, 32].

Auch dem Leser, der den Ausführungen nicht ganz gefolgt ist, wird deutlich geworden sein, welche Gefahrenquellen beim »Schnellen Brüter« aus physikalischen Gründen vorliegen. Mit genial erdachten Mitteln sucht man ihnen zu begegnen. Teilaspekte lassen sich erproben. Wie jedoch eine Explosion bei einem Brüter großer Leistung in Realität verläuft, wird man niemals genau vorausplanen können. Wie weit kann man den Ergebnissen von Hochrechnungen trauen?

Technik an der Grenze?

Darum also die unglaublichen Kostensteigerungen und das Zögern der Energiewirtschaft und der Industrie, Kosten beim »Schnellen Brüter« zu übernehmen! Schlichtweg stößt hier die Technik an Grenzen, wo die Aufwendungen nicht mehr sinnvoll scheinen, zumal auch die Sicherheitsbedenken immer stärker in den Vordergrund treten. Es ist zu hoffen, daß diese zweite Generation von Kernreaktoren, wie man die »Schnellen Brüter« auch nennt, sich nicht durchsetzt.

Kontrolle beim Umgehen mit Plutonium?

Ein weiteres großes Bedenken, das gegen die Einführung der »Schnellen Brüter« spricht, ist das in ihrem Zusammenhang in großen Mengen in Umlauf kommende Plutonium. Über seine Giftigkeit wurde schon gesprochen. Es besteht aber auch die Gefahr der Möglichkeit der Abzweigung aus dem geplanten Brennstoffkreislauf. Kleine Mengen von Plutonium von 5 bis 10 kg (Kugelradius 4 bis 5 cm)[3] würden zur Anfertigung eines atomaren Sprengsatzes genügen[14]. Ist bei Größenordnungen von 1400 kg Plutonium im Brüter-Brennstoffkreislauf[6] eine so kleine Menge überhaupt buchhalterisch zu kontrollieren?

Überblick: Vom Uranerz zur Endlagerung

Man erhofft sich, einmal sämtliche Stufen der folgenden Aufstellung zu verwirklichen:

Zulieferung:
  Erzaufbereitung
  Urananreicherung
  Brennelement-Herstellung
Brennstoffkreislauf:
  Kernkraftwerk
  Brennelement-Zwischenlager
* Wiederaufarbeitungsanlage
* Refabrikation zum Teil mit Plutonium
  Kernkraftwerk
Verarbeitung des Atommülls:
* Tanklager für radioaktive Stoffe, Wartung
* Verglasung der Abfälle?
* Endlagerung?

Die mit * versehenen problematischen Anlagen existieren noch gar nicht!

Dazwischen liegen teilweise Transportwege mit entsprechendem Risiko, wenn es sich um stark radioaktives Material handelt. Ein Transportbehälter für die Aufnahme von sieben Brennelementen eines Druckwasserreaktors wiegt 36 Tonnen, ist 5,7 Meter lang und 2 Meter breit. Wenn jährlich ein Drittel der Brennelemente ausgewechselt werden, ergibt das bei einem Kernkraftwerk der von uns zugrunde gelegten Größe 27 Transporte unter größten Sicherheitsvorkehrungen[6].

Es ist aus dieser Aufstellung zu entnehmen, daß bei einem stärkeren Ausbau der Kernkraftwerke die dicht besiedelte Bundesrepublik von mehr und mehr Örtlichkeiten durchsetzt wird, die als mögliche Ausgangspunkte für Großunfälle angesehen werden müssen. Von den gleichen Orten geht eine ständige, wenn auch feine Durchsetzung mit radioaktiven Stoffen aus, die sich in der Nahrungskette anreichern. Es gibt mehrere Beispiele von Umweltgiften, bei denen es mit kleinen, zunächst harmlosen Konzentrationen anfing, die sich nach und nach anreicherten, bis sie verboten werden mußten (zum Beispiel das Insektizid DDT, Kernwaffen-Versuchsexplosionen in der Atmosphäre wegen der frei werdenden radioaktiven Zerfallsprodukte). Es besteht nur der Unterschied, daß die Abklingzeiten vieler radioaktiver Stoffe so groß sind, daß bei ihrer Verbreitung der Vorgang nicht wieder rückgängig gemacht werden kann.

Radioaktive Strahlungen und gesundheitliche Schädigungen[15]

Radioaktive Substanzen verhalten sich chemisch und biologisch nicht anders als alle übrigen Stoffe. Wenn sie einmal in den Kreislauf der Natur eingetreten sind, lassen sie sich praktisch nicht mehr eliminieren. Die Verhältnisse werden hinsichtlich mancher radioaktiver Substanzen noch dadurch kompliziert, daß diese sich in andere chemische Elemente umwandeln, die dann ein ganz anderes Verhalten in den Lebensvorgängen zeigen als der Ausgangsstoff.

Wenn man der elementaren Frage nachgeht, wie es mit dem Gesundheitsrisiko bei der friedlichen Nutzung der Kernenergie aussieht, stößt man auf außerordentlich komplizierte Zusammenhänge[4]. Hierzu die wichtigsten Gesichtspunkte.

1. Von radioaktiven Substanzen können je nach Stoff vier verschiedene Arten von Strahlen abgegeben werden, α-, β-, γ-Strahlung und Neutronen. Jede ist in ihrer schädigenden Wirkung anders zu bewerten. Es ist dann weiter zu unterscheiden, ob die Strahlung von außen auf den Menschen wirkt, oder ob radioaktive Substanzen

nach Aufnahme durch die Atmung, Haut oder Nahrung sich im Inneren des Organismus befinden.

2. Es entstehen in Kernreaktoren bis zu 200 radioaktive Spaltprodukte[4], die sich in ihren Zerfallszeiten und ihrem chemischen Verhalten unterscheiden. Einige wichtige wurden schon genannt.

3. In der Nahrungskette finden Anreicherungen radioaktiver Substanzen statt, die je nach Lebewesen und Stoff verschieden sind. Am Ende der Nahrungskette steht der Mensch, der die so angereicherten Stoffe zu sich nimmt. Das hiermit abgesteckte Feld ist so groß und unübersichtlich, daß es bei weitem noch nicht erforscht ist.

4. Es sind somatische, die Gesundheit des einzelnen Menschen betreffende Schäden zu unterscheiden von genetischen Strahlenschäden. Darunter versteht man Veränderungen des Erbgutes, die bei der Nachkommenschaft einer Person, nicht aber bei ihr selbst, krankhafte Erscheinungen hervorrufen. »Für derartige Schäden läßt sich eine untere Grenze der Dosis, unterhalb der eine Wirkung mit Sicherheit nicht auftritt, nicht angeben.«[16] Es würde den Rahmen dieser Schrift sprengen und der Überblick für den Leser verlorengehen, wenn hier umfangreiches Zahlenmaterial vorgelegt würde. Die Tabelle auf Seite 46 und weitere Angaben sind auf wenige Substanzen beschränkt, die besonders stark in Erscheinung treten.

In dem Faktor der relativen biologischen Wirksamkeit von 20 bei α-Strahlen und von 3 bis 10 bei Neutronen kommt zum Ausdruck, daß diese beiden Strahlenarten besonders gefährlich sind, wenn sie von lebenden Zellen absorbiert werden. Weitere α-Strahler sind Polonium-210, Radium-226 und die Transurane Americium-241 und Curium-242.

Die Ermittlung der Strahlenbelastung eines vielzelligen Organismus durch inkorporierte radioaktive Stoffe ist außerordentlich kompliziert. Außer der Zerfallsart der radioaktiven Substanzen müssen die daraus entstehenden Folgeprodukte, »ihre chemische Form, ihre Funktion in den Stoffwechselkreisläufen, spezifische Anreicherung in den einzelnen Organen« beachtet werden, und ob die Substanzen rasch aus dem Organismus ausgeschieden oder zurückgehalten werden[3].

Arten der radioaktiven Strahlungen und ihre Wirkungen[3, 4, 14, 16]

	α-Strahlung	β-Strahlung	γ-Strahlung	Neutronen
physikalische Eigenschaften	schnell bewegte positive Atomkerne von Helium, Massezahl 4	schnelle Elektronen (negativ), beinahe masselos	Kurzwellige Lichtstrahlen, durchdringender als Röntgenstrahlen, masselos	elektrisch nicht geladen, Massezahl 1
Wirkung von **außen** auf den Menschen	harmlos, wird durch wenige Zentimeter Luft, 1 Blatt Papier absorbiert	in Luft wirksam bis 20 m, Abschirmung durch 1 mm Blei	wirkt in Luft 15 bis 50 m, Abschirmung durch dicke Metallschichten	Streustrahlung breiten sich weit aus. Neutronen setzen weitere energiereiche Strahlungen aus Materie frei. Abschirmung der Neutronen durch leichte, wasserhaltige Substanzen, der Sekundärstrahlung durch Schichten schwerer Materialien
Wirkung vom **Inneren** des Leibes nach Aufnahme durch Luft, Haut, Mund. Fortdauernde Strahlenbelastung! Abklingzeit entscheidend wichtig.	Uran-235, Plutonium-239 und andere Transurane in kleinsten Mengen **äußerst gefährlich.** Zellzerstörung oder Ausgangspunkte von Krebs	β-Strahler unter radioaktiven Zerfallsprodukten sehr verbreitet. **Strontium 90** Anlagerung im Knochen, physikalische Halbwertszeit 28,1 Jahre **Jod-131** β- und γ-Strahler. Anlagerung in der Schilddrüse. Halbwertszeit 8 Tage. Gefährlich in der ersten Zeit nach einem Unfall, bei dem Radioaktivität freigesetzt wird, z. B. aus einem Kernkraftwerk **Cäsium-137** β- und γ-Strahler. Halbwertszeit 30 Jahre. Anreicherung in der Nahrungskette, z. B. bei Fischen unterhalb des inzwischen stillgelegten 250-MW-Atomkraftwerks Gundremmingen auf das 100- bis 3500fache der Radioaktivität an der Ausstoßstelle	γ-Strahler	Uran-235, Plutonium-239 und andere Transurane in kleinsten Mengen **äußerst gefährlich.** Ablagerung von Teilchen von $^{1}/_{1000}$ mm Durchmesser in der Lunge gefährlich. Knochenablagerung (Krebsrisiko)
Faktor der relativen biologischen Wirksamkeit (Qualitätsfaktor)	20	1	1	3 bis 10

Bei Kernkraftwerken werden bei Normalbetrieb in feinen Mengen, das heißt unterhalb des Genehmigungswertes, folgende radioaktive Substanzen abgegeben: die Edelgase Krypton-85 und Xenon-133, ferner flüchtiges Jod 131 und 133 (Gefahr der Anreicherung in der Schilddrüse), Strontium-90 (Anreicherung in den Knochen). Beide gelangen über die Nahrungskette Weideland, Vieh, Milch konzentrierter an den Menschen. Weiterhin treten auf: Kobalt-58 und 60, Cäsium-134 und 137, Tritium[6]. Wenn es bei schweren Kernkraftwerksunfällen zur Freisetzung von Radioaktivität kommt, sind die gleichen Elemente zu erwarten. Bei der Wiederaufarbeitungsanlage treten die oberen in der Tabelle genannten α--Strahler noch zusätzlich auf[6], vor allem Plutonium.

Von den an die Atmosphäre abgegebenen Edelgasen ist Krypton-85 wegen seiner Halbwertszeit von mehr als zehn Jahren besonders zu beachten. Es wird in Atomkraftwerken, insbesondere aber in Wiederaufarbeitungsanlagen von Kernbrennstoffen freigesetzt. Man befürchtet, daß allein hierdurch in »ungefähr zwei Generationen die natürliche Strahlenbelastung der Körperoberfläche verdoppelt werden kann«[3, 20].

Problematik der Meßmethoden

Weshalb treten bei Unfällen, die durch Freisetzung von Radioaktivität im Bereich der Kernenergie gegeben sind, immer wieder Meinungsverschiedenheiten auf, ob ein gesundheitliches Risiko eingetreten sei oder nicht? Es war das zum Beispiel bei dem schon erwähnten Schwelbrand in der Aufbereitungsanlage in La Hague Anfang Januar 1981 der Fall. Es liegt das daran, daß es für die in der Tabelle aufgeführten vier Strahlenarten keine Methode gibt, die schädigende Wirkung auf den Menschen unmittelbar messend festzustellen. Alle Meßverfahren zeigen Veränderungen in Bereichen an, die mit dem Leben nichts zu tun haben. (Veränderungen elektrischer Ladungen in Gasen, Lichterzeugung in Kristallen, Schwärzung von Filmemulsionen, Erzeugung von Luminiszenz und Trübungen in Gläsern und Kristallpulvern.)

Die biologische Wirkung der auf gleiche Weise gemessenen Strahlen, zum Beispiel α- und γ-Strahlen, unterscheidet sich stark voneinander, so daß ohne Kenntnis der Zusammensetzung der radioaktiven Substanzen genaue Aussagen schwierig sind. Einfacher ist das bei Bestrahlungsgeräten der Medizin, weil man mit wohl definierten und eindeutigen Strahlenquellen arbeitet, denen man ein hierzu passendes Meßgerät zuordnet.

Häufig findet man die Schädlichkeit einer Strahlung für den Menschen in rem angegeben (rem = radiation equivalent man). Die nun folgende Definition zeigt, daß es sich hierbei nicht um genaue Meßgrößen handelt, wie wir sie zum Beispiel bei Temperatur- oder bei Zeitmeßgeräten kennen.

»Die Äquivalenzdosis ist ein Maß, das die biologische Wirksamkeit verschiedener Strahlenarten berücksichtigt. Ihre Maßeinheit ist das rem. Man erhält sie, indem man die Energiedosis (physikalisch gemessen) mit dem Qualitätsfaktor (siehe Tabelle) und evtl. anderen modifizierten Faktoren multipliziert.« Es ist hervorzuheben, daß der Wert des Qualitätsfaktors »nicht nur von der Qualität der Strahlung abhängt, sondern daß sich je nach untersuchtem System und Versuchsbedingungen erhebliche Unterschiede ergeben können. Somit haftet allen rem-Angaben eine Unsicherheit an, die jeweils Gegenstand kritischer Betrachtungen sein muß.«[3]

Man kann in der Literatur sehr kritische Äußerungen über diese Größe rem finden. Es wird unter anderem formuliert »Die Lüge vom rem«. – »Die damit verbundene Qualitätsbezeichnung beruht auf ganz groben Schätzungen und trägt in keiner Weise den geschilderten komplexen, biologischen Vorgängen Rechnung, die Strahlenart und -energie, aber ebenso die chemischen Bedingungen und Veränderungen umfassen.«[4].

Zur Frage der höchstzulässigen Dosen

Für beruflich strahlenexponierte Personen empfiehlt der ICRP (International Commission of Radiological Protection) folgende höchstzulässigen Dosen in rem pro Jahr:[3]

Gonaden, rotes Knochenmark und ganzer Körper bei gleichmäßiger Bestrahlung	5
Haut, Schilddrüse, Knochen	30
Hand, Unterarme, Füße, Knöchel	75
alle anderen Organe	15

Für den Zweck der Planung wird es »als dienlich erachtet, die Grenzdosen für Einzelpersonen in der Bevölkerung um einen Faktor 10 niedriger anzusetzen als denjenigen für Strahlenarbeiter. Der Größe dieses Faktors sollte keine übertriebene biologische Bedeutung beigemessen werden, da gegenwärtig die strahlenbiologsiche Kenntnis in dieser Hinsicht unzureichend ist« (ICRP 9:43).

Es geht aus der Publikation Nr. 26 der ICRP 1977 hervor, daß die Dosisfestlegung nicht primär mit dem Ziel getroffen wurde, strahlenbedingte Gesundheitsschäden auszuschließen, sondern der Kerntechnik einen »vernünftigen Spielraum zur Expansion zu schaffen«[3]. Eine wissenschaftliche Erforschung einer höchstzulässigen Grenze der Strahlenbelastung und ob eine solche überhaupt existiert, ist schwierig und dürfte noch lange Zeit in Anspruch nehmen. Wiederum stoßen wir bei einer fundamental wichtigen Festlegung auf eine Ermessensfrage, die in der einen oder anderen Weise beantwortet werden kann.

Schlußbemerkung

Im Laufe der letzten Jahrhunderte haben sich viele Gebiete der Technik herausgebildet, ohne daß die Bevölkerung davon wesentlich Notiz nahm. Es war das auch nicht nötig. Man verließ sich auf die Spezialisten, die ihr Fachwissen entwickelten und dann entsprechende Erzeugnisse und Ingenieurbauten anboten. Man war frei in der Entscheidung, sie zu benutzen oder abzulehnen, sich mit gewissen Risiken zu verbinden – wie zum Beispiel beim Auto – oder aber auch nicht. Eine klare, deutlich zu überblickende Situation lag vor.

Bei der Kerntechnik ist das anders. Nach Jahrzehnten der Entwicklung wird deutlich, daß in einem gewissen Umfang Sicherheits-

und Gesundheitsrisiken von großen Menschengruppen eingegangen werden müssen, die nicht einmal gefragt werden, ob sie das wünschen im Hinblick auf die Erzeugung von elektrischer Energie. Zudem sind auf diesem Feld noch Unklarheiten vorhanden, die in Meinungsverschiedenheiten der Experten ihre Ursache haben. Sozialer Unfriede und Verunsicherung greifen um sich. Nachdem man nach der Entdeckung des Atomzerfalls zunächst auf die radioaktiven Strahlungen als solche hinschaute und sie mehr und mehr abzuschirmen vermochte, stellte sich die Verbreitung radioaktiver Substanzen, die teilweise – wie wir gesehen haben – in kleinsten Mengen bereits gefährlich werden, als das zentrale Risiko der Nutzung der Atomenergie heraus. Man ist weit davon entfernt, die Problematik in den Griff zu bekommen, geschweige denn überhaupt schon halbwegs erforscht zu haben. Diese Prozesse haben die Tendenz, auszuufern. Es hat sich gezeigt, daß es kaum möglich ist, ihnen in ihrer Vielfalt in genügender Weise nachzugehen. Aus finanziellen Gründen muß man willkürlich Grenzen in der Forschung setzen, die im Hinblick auf die Aufgabenstellungen nicht gerechtfertigt sind. Auch in technischer Hinsicht gerät man beim »Schnellen Brüter«, der Wiederaufarbeitung der radioaktiven Substanzen der Kernkraftwerke und ihrer Endlagerung an Grenzen, die das Vermögen der Vorausschau und Vorsorge bei weitem übersteigen.

Die Technik, die einst vieles zur Gesunderhaltung und Lebensverlängerung des Menschen beigetragen hat, ist dabei, auf dem Gebiet der Atomenergie in ihr Gegenteil umzuschlagen. Gesundheitliche Bedrohungen und Sorgen, die mit sozialen Auseinandersetzungen über diese Fragen gekoppelt sind, kommen auf den Menschen zu.

Es sind physikalische Gegebenheiten und Gesetze, die dazu führen, daß die Technik erstmals auf derart eng gezogenen Grenzbereichen arbeiten muß:

1. hinsichtlich der Kettenreaktion selbst, die nicht ausufern darf,
2. in bezug auf die radioaktiven Giftstoffe, die mit der Energieerzeugung zugleich anfallen und die Tendenz haben, sich auszubreiten.

Ein eigenartiger Gegensatz: Die Energie wird in der Sekunde

ihrer Entstehung sofort verbraucht – die dabei freiwerdenden radioaktiven Stoffe aber stellen eine Gefahr für viele Generationen dar, die für den Nutzen der Gegenwart büßen müssen!

Die auf der Ebene des technischen und physikalischen Denkens verlaufenden Betrachtungen gelangen an dieser Stelle in einen anderen Bereich, in den des Gefühls. Die moralische Ebene im Menschen wird angesprochen. Man kann sich verpflichtet fühlen, hier mit den Gedanken nicht stehenzubleiben. Wie wir sahen, ist die Messung der radioaktiven Strahlung ein Unterfangen nicht so einfacher Art. Vor hundert Jahren existierte das ganze Gebiet noch nicht. Werden die Menschen in tausend oder gar zehntausend Jahren überhaupt noch eine Meßtechnik besitzen, um die Gefahrenstellen, wo heute hoch radioaktive Abfälle gelagert werden, aufzufinden? Oder werden sie erkranken und sterben, ohne zu verstehen, worauf diese Erkrankungen zurückzuführen sind? Darf man, um unsere Zivilisation mit allen Mitteln aufrechtzuerhalten, der Zukunft eine derartige Hypothek auferlegen?

In der Entdecker- und Entwicklungsphase der Kerntechnik erkannte man offenbar noch nicht annähernd die Größe der Aufgabenstellung oder man bagatellisierte die Problematik. Je weiter man in dieses Gebiet vorstieß, um so mehr weitete es sich aus, verzweigte es sich. Geldmittel und Arbeitskraft wurden in einem Ausmaß notwendig, wie sie nicht in jeder Hinsicht mehr sinnvoll erscheinen.

Jetzt liegen die Probleme offen und überschaubar vor uns. Es ist an der Zeit, eine Besinnungspause einzulegen, zu prüfen und auch zu verwerfen. Grenzen der Technik sind zu erkennen, wo sie nicht mehr sinnvoll erscheint, wo nicht mehr Wohlfahrt für die auf engem Lebensraum zusammengedrängte zivilisierte Menschheit zu erkennen ist, sondern Besorgnisse ernster Art in den Vordergrund treten. Gewiß, der äußere Lebensstandard der letzten Jahre wird nicht aufrechterhalten werden können – für diejenigen, die diese Welt der Technik mit aufgebaut haben – bedauerlich.

Für große Teile der Jugend aber eine selbstverständliche Überlegung. Sie sieht auch andere Werte, als sie die Technik bieten kann. Sie sucht nach einem Geistesleben, in dem der Mensch und seine innere, moralische Weiterentwicklung wieder stärker in den Mittelpunkt gerückt werden kann. Es gilt umzudenken und dieser vordergründigen Sehnsucht zunächst zu entsprechen! Dann wird die Bereitschaft, auf dem Felde der technischen Zivilisation zurückzustecken, von selbst entstehen.

II

Die Reaktorkatastrophe von Tschernobyl und ihre Folgen

Die naturwissenschaftliche und technische Sicht

Vorbemerkung

Als der Autor 1983 die zusammenfassenden Gedanken zu Papier brachte, die jetzt als Schlußbemerkung von Teil I erscheinen, ahnte er nicht, daß schon drei Jahre später der größtmöglich anzunehmende Unfall (GAU) wirklich eintreten würde. Weil diese Gedanken keineswegs überholt, sondern durch die Ereignisse von Tschernobyl voll bestätigt sind, wurden sie in dieses Buch unverändert übernommen.

An dieser Stelle sei mit großer Anteilnahme all der Menschen in der Sowjetunion und andernorts gedacht, über die schweres Leid durch dieses Reaktorunglück hereingebrochen ist.

Da wir in einer westlichen Demokratie leben, wurden wir durch Rundfunk, Fernsehen, Tageszeitungen und Zeitschriften, die Wissenschaftler und Hochschulinstitute zu Wort kommen ließen, gut informiert. Dennoch beschwerten sich viele über die Art der Darstellungen und widersprüchliche Ansichten – wohl zu Unrecht. Es zeigte sich nur, wie komplex das Gebiet des Atomzerfalls ist und wie schlecht die Wirkung radioaktiver Substanzen im Hinblick auf die Gesundheit der Menschen noch erforscht ist.

Auch auf anderen Feldern der Forschung, die noch keine voll gesicherten Ergebnisse aufweisen können, gibt es eine Vielfalt von Meinungen der Wissenschaftler. Dies läßt uns normalerweise kalt. Hier aber waren wir selbst einbezogen. Physikalische, lebensfeindliche Vorgänge liefen ab, und wir empfanden uns ihnen hilflos ausgesetzt. In beispiellosem Ausmaß waren Atemluft und Nahrung bedroht.

In einer Zeit, die Hungersnöte in Europa nicht mehr kennt, sah man sich erstmals einer ganz neuartigen Gefahr gegenüber: der Vergiftung der Nahrungsgrundlage großer Menschenkreise. Wir konnten noch froh sein, daß das Ereignis im Frühjahr eintrat und nicht dicht vor der Ernte im Hochsommer. Da kann man nicht abseits stehen. Viele waren mit ihrem Interesse vielleicht erstmals auf dieses eigenartige Gebiet gelenkt, das so unheimlich ist, weil es sich allen Sinneswahrnehmungen entzieht.

Atomkernzerfall – ein Phänomen der untersinnlichen Welt

Um die Kräfte des Atomkernzerfalls zu beurteilen, die dem Menschen so fremd und unheimlich sind, ist es eine Hilfe, sie gedanklich in den Zusammenhang der Naturerscheinungen einzuordnen.

Da sind einmal die drei Naturreiche: Mineralreich, Pflanzenreich und Tierreich. Sie gehören, wie auch der Mensch mit seinem physischen Leib, der durch die Sinnesorgane wahrnehmbaren Welt an. Der sinnlichen Wahrnehmung erschließt sich weitgehend das Mineralreich, aber auch der Bereich, den die Griechen die vier Elemente nannten: Erde, Wasser, Luft und Feuer. Als Feuer bezeichneten sie alles Wärmehafte zusammenfassend.

Bei der Pflanzenwelt tritt ein Weiteres hinzu, was gestaltend eingreift und das Spezifische des Wachstums, der flächenhaften Blattbildung mit der Zuwendung zu den Sonnenkräften bewirkt. Es seien diese in ungeheurer Vielfalt weisheitsvoll wirkenden Kräfte zusammenfassend als *Bildekräfte, Lebenskräfte,* bezeichnet. Wucherndes Wachstum ist charakteristisch für die Pflanzenwelt. Gleichsam aus einem Überschuß heraus wird gestaltet.

Auch im Tier- und Menschenreich kommen Lebenskräfte zum Ausdruck. Sie erscheinen aber stark abgedämpft durch Tätigkeiten, die abbauend wirken: Muskelbeanspruchungen und alles das, was auf der Grundlage des Nervensystems sich entfaltet wie Sinneswahrnehmungen und Gefühlsleben.

Der Mensch gehört mit seinem Ich der geistigen Ebene an. Von hier aus vermag er seine Gefühle zu veredeln und auf ein höheres

Niveau zu heben und in gewissem Umfang in die Ebene seiner Lebenskräfte, die in Beziehung zu der Sphäre des Denkens stehen, einzugreifen. Das Knochensystem ist ein Beispiel dafür, wie eng der Mensch auch mit dem Mineralreich verbunden ist.

Das Ich des Menschen ist dazu veranlagt, in positiver Weise in die drei unter ihm stehenden Naturreiche und die damit verbundenen Ebenen seines eigenen Wesens hereinzuwirken: harmonisierend in die Gefühlswelt, schützend in den Bereich der Lebenskräfte, die Pflanzenwelt pflegend. Und er ist aufgerufen, die vier Elemente Erde, Wasser, Luft und Feuer sinnvoll für seine Lebensnotwendigkeiten einzusetzen.

Schließlich blickt der Mensch seit urdenklichen Zeiten zu einer übersinnlichen, göttlichen Welt auf, die sich seinem Glauben, zunehmend aber auch seinem Erkenntnisstreben erschließt. Weisheit aus dieser Welt durchdringt die Naturreiche.

Seit dem 18. Jahrhundert wandte sich die sich ausweitende Naturwissenschaft mehr und mehr Bereichen zu, die bis dahin tief verborgen in der Natur ruhten und den Sinnen nicht direkt zugänglich sind: der Elektrizität, dem Magnetismus und dem Atomzerfall. Es entstand auf diesen untersinnlichen – von den Sinnen nicht unmittelbar wahrzunehmenden – Gebieten eine Technik, die sich hinsichtlich des Elektromagnetismus von Anfang an als beherrschbar erwies. Elektrischer Strom ist beschränkt auf Leitungsnetze, die sich von der Umgebung isolieren lassen. Elektrizität verschwindet restlos, wenn man das Netz abschaltet. Wenn man jedoch die Kräfte des Atomzerfalls nutzen möchte, gelingt das nur, wenn man gleichzeitig Todeskräfte entfesselt, die nicht abschaltbar sind, die weiter wirken. So direkt wie heute war die Menschheit noch nie mit Todeswirkungen konfrontiert. Um mit der griechischen Mythologie zu sprechen: Wehe, wenn sich die Übel aus der Büchse der Pandora in die Menschheit ergießen!

Verlockt von den ungeheuren Energien, die man zu erschließen trachtete, überstürzte man die technische Entwicklung, verfrüht steht man nun vor Gegebenheiten, mit denen es fertig zu werden gilt.

Noch keine 50 Jahre nach der Entdeckung des Atomzerfalls durch

Hahn und Strassmann blicken wir hin auf eine Art Eigendynamik, die von dem auf diesem Gebiet künstlich Geschaffenen ausgeht. Materielle radioaktive Stoffe gelangen in wachsendem Umfang in feiner Verteilung in die mineralische Welt, in Wasser und Luft, und durchsetzen sie mit ihren Strahlungen. Die Pflanzenwelt vermag in gewissem Umfang durch ihre überquellenden Lebenskräfte diesen Einflüssen standzuhalten. Nicht aber der Mensch.

Der Mensch ist mit seinem komplizierteren Organismus in dieser Hinsicht sehr viel empfindlicher. Es gehört zu seiner Natur, daß ständig abbauende Prozesse des Tageslebens ihn begleiten, die nächtlich nicht voll ausgeglichen werden können. Darum altert er. Sein Leib kann den radioaktiven Strahlungen, die dem Leben entgegenwirken, nicht in gleicher Weise wie die Pflanzenwelt begegnen. Es kommt zu einer Beeinträchtigung der Gesundheit.

Eine Rückwirkung erstreckt sich von dem Bereich des Atomzerfalls aber auch bis in die Gefühlsebene. Der berechtigten Sorge um die eigene Gesundheit treten naturgemäß Meinungsverschiedenheiten auf zwischen Menschen, die gern auf etwas Wohlstand verzichteten, wenn das Potential undurchschaubarer Bedrohungen abgebaut würde. Andere geben sich mit der Versicherung zufrieden, unsere Kernkraftwerke seien ausreichend zuverlässig. Hier liegt ein latenter Punkt des sozialen Unfriedens, der sich bei jedem Anlaß zu offenen Auseinandersetzungen steigern kann.

Schließlich greifen Gefühle der Angst in die Ich-Sphäre ein, Unsicherheit tritt auf, wie sie ein Kennzeichen aller undurchschaubarer Umstände ist. – Aber gerade auf dem Feld der untersinnlichen Welt gilt es, aus der Überlegenheit des Ich heraus zu handeln, sich aus den gegebenen Fakten ein Bild zu machen, um zu einer klaren Erkenntnis der Sachlage zu kommen. Dann wird der mit Recht zunächst verunsicherte Mensch wieder Herr der Situation.

Jahrzehnte hat sich die Öffentlichkeit um dieses schwierige Gebiet der Technik nicht gekümmert. Man vertraute den Wissenschaftlern, die den Umgang mit der Atomkraft als machbar ansahen, sowie den Politikern in nahezu allen Lagern, die sich bereden ließen. Ein unglaublicher Schwund an Vertrauen und Autoritätsgläubigkeit ist eingetreten, nachdem man die Warnung des Beinahe-GAUS von

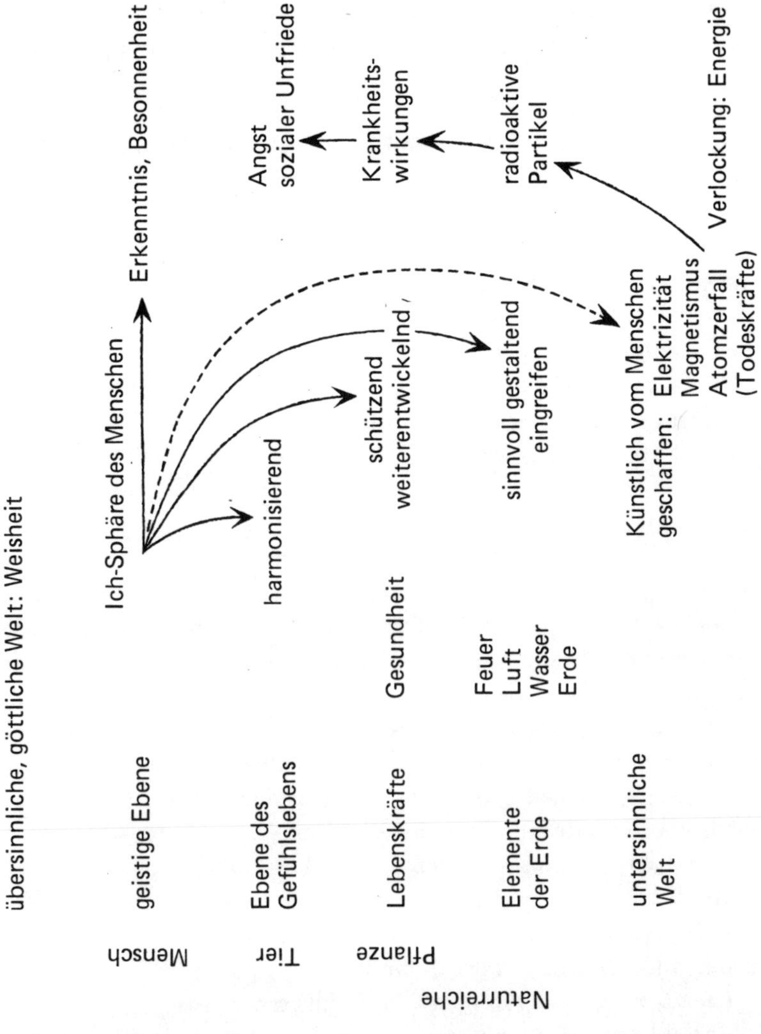

Harrisburg 1979 hat verstreichen lassen. Kostbare Zeit ging bei uns verloren, in der man die Dinge hätte prüfen können. Ganz anders in Amerika, wo Kraftwerke privatwirtschaftlich betrieben werden. Dort war man viel vorsichtiger; seit 1979 zögert man mit einem weiteren Ausbau der Kernkraft. Man baut dort keinen Schnellen Brüter, man errichtet keine Wiederaufarbeitungsanlagen. Es wurde kein neues Kernkraftwerk in Auftrag gegeben. (39: 29. 7. 1986.)*

Es ist unserem und dem nächsten Jahrhundert als Zeitenschicksal zugefallen, dieses Gebiet der untersinnlichen Welt zu erkennen und im Erkennen moralisch zu wachsen!

Technische Daten des Atomkraftwerks bei Tschernobyl

Das Atomkraftwerk umfaßt insgesamt vier gleiche Reaktoren von je 1000 MW (Biblis: 2 × 1200 MW), von denen einer durch den Unfall zerstört wurde. Es liegt 20 km entfernt von Tschernobyl am Pripjet, einem Nebenfluß des Dnjepr. Bei den Reaktoren handelt es sich um einen im Westen nicht gebräuchlichen Typ (von dem Rußland insgesamt 20 betreibt), bei dem Graphit als Moderator dient, d. h. die schnellen Neutronen abbremst. In einem Graphitblock von 11,8 Meter Durchmesser und 7 Meter Höhe sind 1693 Arbeitskanäle enthalten, in denen sich die Druckrohre aus Spezialstahl mit den Uran-Brennelementen befinden. Umwälzpumpen pressen Wasser von unter her durch den Reaktor (284 Grad Celsius), das die später zum Antrieb der Turbinen dienende Energie abführt. 179 Steuerstäbe können hereingefahren werden, durch die die Kettenreaktion (s. Seite 20) geregelt oder abgeschaltet werden kann. In der hohen Halle über dem Reaktor befinden sich Kran- und Lademaschine zum Auswechseln der Brennelemente. (36: 5. 5. 1986.)

Aus Kostengründen haben die meisten russischen Reaktoren keinen Sicherheitsbehälter (containment) (s. Seite 17), so daß freiwerdende Radioaktivität sofort in die Umwelt gelangt.

Hierzu zwei Bemerkungen von Fachleuten:

»Atomkraftwerke sind weniger gefährlich als Kohlekraftwerke. Die Wahrscheinlichkeit einer Katastrophe in einem Atomkraftwerk

* Weil im Text hier wie im folgenden häufig aus verschiedenen Publikationen zitiert wird, ist jeweils in Klammern die Ziffer angegeben, unter der die betreffende Quelle unter den »Literaturhinweisen« am Schluß des Buches zu finden ist; dazu das Erscheinungsdatum der dort genannten Zeitschrift, Zeitung, Broschüre.

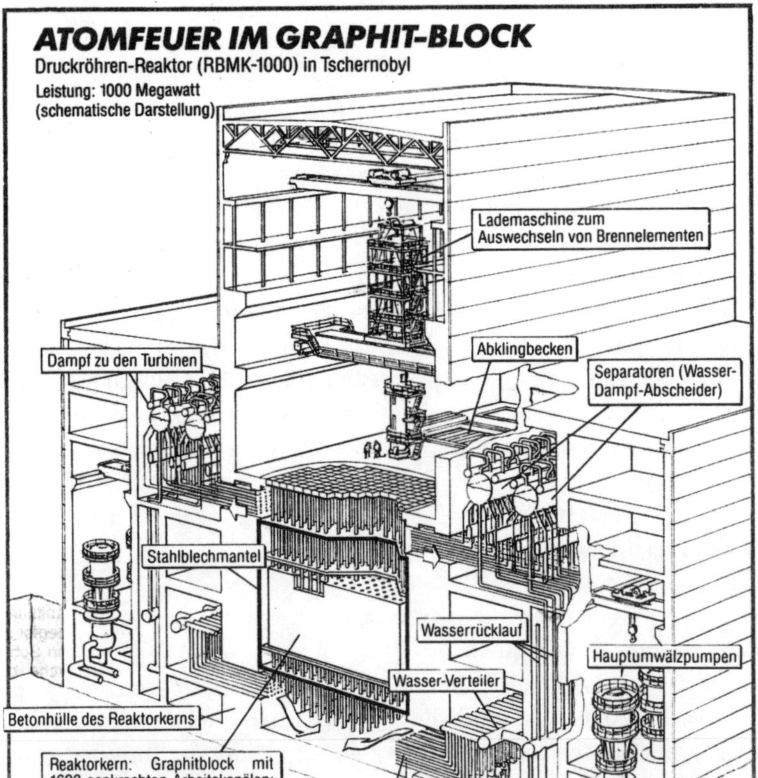

Abb. 1: Der Reaktor von Tschernobyl

liegt bei einer Größenordnung von 1:1 000 000 im Jahr.« (A. Petrosjanz, Vorsitzender des staatlichen Komitees zur Nutzung der Atomenergie in der UdSSR, Februar 1986.)

»Die Verläßlichkeit des ganzen Systems ist sehr hoch . . . Zur Betriebssicherheit sind die Kraftwerke mit drei parallel arbeitenden Sicherheitssystemen ausgerüstet.« (H. P. Born, Vereinigte Elektrizitätswerke Westfalen, »Kernenergie in der Sowjetunion – Aktueller Stand und Perspektiven«, Atomwirtschaft, Dezember 1983, zum Reaktortyp in Tschernobyl.) (38)

Von anderer Seite wird gerade dieser Reaktortyp mit etwa 200 km geschweißten Rohrleitungen und Tausenden von Ventilen als störanfällig bezeichnet. (39: 24. 5. 1986.) Da er zugleich zum Erbrüten von Plutonium für militärische Zwecke dient, war er bisher noch keinen internationalen Kontrollen zugänglich. Physikalisch gesehen besitzt er die unangenehme Eigenschaft, daß bei Wasserverlust und damit nachlassender Kühlung die erzeugte Energie ansteigt, gerade entgegengesetzt, wie es erforderlich wäre, – übrigens ähnlich wie beim Schnellen Brüter in Kalkar bei ganz anderem technischem Aufbau (siehe Seite 37).

Wie geschah das Unglück?

Die Nachrichten von amtlichen sowjetischen Stellen waren sehr dürftig. Einiges berichteten die beiden Mitglieder der Internationalen Atomenergie-Agentur IAEA aus Wien, der Schwede H. Blix, Generaldirektor, und der Amerikaner M. Rosen, Leiter der Abteilung für nukleare Sicherheit. Sie überflogen auf Einladung der UdSSR mit einem Hubschrauber den Reaktorkomplex anderthalb Wochen nach dem Unglück. Bei dem insgesamt zweistündigen Unternehmen trugen sie Schutzkleidung und Atemschutzmasken. In Tschernobyl fand eine Zwischenlandung statt. Die Stadt war evakuiert. Nur die zentrale Koordinationsstelle war mit Menschen besetzt. Aus 800 Meter Höhe war die zerstörte, von Brand geschwärzte Halle und die von Trümmern übersäte Umgebung deutlich zu erkennen. An ihrem Instrument lasen sie maximal

Werte von 375 Milliröntgen pro Stunde ab*. Als Vergleich: die Dosisbelastung von Schulröntgenröhren beträgt in 10 cm Abstand von der engen Blende 100 Milliröntgen pro Stunde (Dorn, Physik).

Das Unglück verlief etwa folgendermaßen: Am Samstag, 26. April 1986, um 1.23 Uhr kam es offenbar ohne vorherige Unregelmäßigkeiten zu einer oder mehreren Wasserstoffgas-Explosionen. Ausgangspunkt war das Innere des Reaktors selbst, der offenbar nur schwach belastet war. Über die Ursache war man sich nicht im klaren. Es gäbe mehrere Hypothesen darüber. Als Folge der Explosionen knickten die Wände der 30 Meter hohen Halle ein, deren Decke sowie der gewaltige Kran und die Lademaschine auf den Reaktor stürzten. Es kam zu Bränden im ganzen Umkreis, die offenbar zunächst nicht den Graphit erfaßten. Die Feuerwehrleute bekämpften heldenmütig den Brand. Sie verhinderten ein Übergreifen des Feuers auf den Nachbarreaktor. Schwerste Strahlenschäden trugen sie davon.

Die gefürchtete Kernschmelze muß ebenfalls in Gang gekommen sein. Wie aus den in der radioaktiven Wolke vorhandenen verdampften Substanzen geschlossen werden kann, muß die Temperatur weit über 2000 Grad betragen haben. Eine Rauchwolke von dem brennenden Graphit war über dem Reaktor zu sehen.

Der Leiter der Regierungskommission sprach von dem hohen Sicherheitsstandard dieses Reaktortyps und von »Verkettung einiger höchst unwahrscheinlicher und unvorhersehbarer Faktoren«. Die örtlichen Kräfte hätten die Situation nicht richtig eingeschätzt. Man mußte sich erst den richtigen Befund erarbeiten.

Die kurze Schilderung gibt einen Einblick, wie hilflos der Mensch

* In der Röntgentechnik hat man für die Dosis von Röntgenstrahlen eine Einheit festgelegt, die auch für γ-Strahlen, d. h. entsprechende radioaktive Substanzen, die diese Strahlung abgeben, anwendbar ist: das Röntgen. Die Schädigung von lebenden Geweben ist durch Ionisation bedingt, das heißt, es werden elektrische Ladungen im Stoffgefüge frei. So kann die Strahlungsmessung durch Filme, die man in Plaketten an der Kleidung trägt, vorgenommen werden, z. B. zur Überwachung der Besucher von Atomanlagen hinsichtlich eventueller Kontamination. Die Schwärzung der Filme vergleicht man mit denjenigen, die einer bekannten Strahlendosis ausgesetzt waren. Auch kleine hochisolierte Elektrometer werden benutzt, die sich infolge der Strahlung entladen.

– ob er Laie oder ranghöchster Experte ist – dem Ablauf der Vorgänge gegenübersteht, die jeglicher Steuerung entglitten sind.

Jemeljanow, der Chefkonstrukteur des Reaktortyps, prophezeite, daß die Ruine, auch in Beton eingegossen, noch »Hunderte von Jahren« Radioaktivität freisetzen werde. (36: 19. 5. 1986; 39: 7. 5. 1986.)

Was bedeutet: Atomreaktor außer Kontrolle?

Auf Seite 21 wurde angedeutet, daß der Atomreaktor stets an einer Grenze arbeitet. Wenn sich aus irgendeinem Grunde die Regelstäbe nicht in der richtigen Stellung befinden, entstehen zu viele kernspaltende Neutronen. Es kommt zu Überhitzungen, die sich rasch steigern, wenn die Wärme nicht abgeführt werden kann. Dann ist eine regelnde Beeinflussung nicht mehr möglich. Wenn einmal Kernschmelze eingetreten ist, bleibt nichts anderes übrig, als abzuwarten, wie sich die Dinge auf Grund der physikalischen Bedingungen weiter entwickeln.

Im Fall von Tschernobyl wurden gewaltige Mengen radioaktiver Substanzen (das gesamte Inventar des Reaktors entspricht 1500 Hiroshima-Bomben) herausgetrieben, in die Atmosphäre in feinsten Partikeln hochgeblasen. Dadurch nahm die erzeugte Energie etwas ab. Aber die verbliebene, glutflüssige Masse kommt nicht zur Ruhe. Sie verändert sich ständig durch den radioaktiven Zerfall dieser Stoffe. Der Gleichgewichtszustand kann sich immer wieder verschieben, die Temperatur sich verändern.

Wie suchte man die Katastrophe einzudämmen?

Das Element Bor, Artgewicht 2,45 Gramm pro cm^3, d. h., leichter als Aluminium, mit sehr hohem Schmelz- und Siedepunkt, hat die Eigenschaft, Neutronen einzufangen. Man mußte versuchen, es in den Schlund des Reaktors hereinzubringen. So warf man mit Hubschraubern im Laufe der ersten Zeit ein Gemisch von 4000 Tonnen

Sand, Bor, Blei und Dolomit – eine bestimmte Kalkverbindung – ab. Hierdurch sollte der Krater nach oben geschlossen werden. Offenbar durchschmolz die glutflüssige Masse nicht das Betonfundament – zum Glück! Denn sonst wären das Grundwasser und der Fluß Pripjet, der über den Dnjepr in das Schwarze Meer gelangt, unvorstellbar verseucht worden.

Als weitere Maßnahme trieben 400 Arbeiter einen mehrere hundert Meter langen, mit Stahlbeton ausgekleideten Tunnel durch den Sandstein unter die Reaktor-Ruine, um eine Stahlbetonwanne zu schaffen, sicher auch um weiteres Bor darunter anzubringen, falls das Durchschmelzen eintreten sollte.

Eine Kühlanlage mit Stickstoff als Kühlmittel soll in Zukunft von der Betonummantelung die dauernd entstehende Wärme abführen. Vermutlich ist da eine gewaltige Kompressoranlage notwendig mit Abkühlung des die Wärme abführenden Stickstoffs durch ein Rohrsystem mit Flußwasser. Diese Kühlung wird auf Generationen notwendig sein.

Die Bemühungen, den Reaktor »einzusargen«, wie sich die Sowjets ausdrücken, sind in Anbetracht der hohen Radioaktivität der Reaktorumgebung äußerst schwierig. Die benötigten Betonmassen sind gewaltig. So bestellte man unter höchster Dringlichkeitsstufe sieben Auto- und drei Anhängerbetonpumpen bei einem württembergischen Unternehmen. Die Auslieferung des gesamten Auftrages wurde auf Ende September 1986 festgelegt. Das Führerhaus der Fahrzeuge dazu ist voll mit Blei gekapselt und nur mit kleinen Bleiglasfenstern versehen. Die Pumpen können auch von 1000 Meter Entfernung ferngesteuert werden. Auftragshöhe: 11 Millionen DM.

Zur Charakterisierung der Situation: Bereiche des Reaktorgeländes waren so stark radioaktiv verseucht, daß Arbeiter mit Atemschutzgeräten nur wenige Minuten sich dort aufhalten konnten. Es wurde versucht, das Gelände um den Reaktor aus der Luft mit einer Kunststoffmasse »zu versiegeln«, wohl um den radioaktiven Staub zu binden.

Prawda: »Bisher hat sich der rebellische Atomriese noch nicht ergeben, er ist noch gefährlich. Aber man habe die Geschehnisse unter Kontrolle.« – War mit dieser Formulierung die meßtechnische Überwachung der Reaktorruine gemeint? Im havarierten Reaktor in Harrisburg war das einfach, weil die Schaltwarte, die Meßinstrumente und Leitungen unbeschädigt zur Verfügung standen. Bei dem russischen Unglücksreaktor lagen die Verhältnisse bedeutend schwieriger. Man führte die ersten sieben Wochen Meßflüge mit Hubschraubern aus, um Temperatur und abgegebene Strahlung zu bestimmen. Ist doch das Verhalten der glutflüssigen Masse am Boden der Reaktorruine wissenschaftliches Neuland. Ständige Veränderungen sind über Jahrzehnte zu erwarten. Man muß vor allem wissen, ob sie in Richtung Temperaturerhöhung verlaufen, um gegebenenfalls rechtzeitig eingreifen zu können. Diese täglichen Flüge waren gefährlich und führten selbstverständlich zu erhöhter Strahlenbelastung der Piloten. Sie wurden überflüssig, als es anderthalb Monate nach der Katastrophe gelang, eine 18 m lange Sonde in Form eines Rohres mit Hilfe eines Hubschraubers in den »Reaktorschlund« zu drücken, so daß sie nur noch zu einem Drittel ihrer Länge herausschaute. Das Rohr enthält Meßinstrumente mit Anschlußleitungen für die Fernüberwachung.

Von den vier Atomreaktoren bei Tschernobyl soll der dem Unglücksreaktor benachbarte, der in der gleichen, nun zerstörten Halle untergebracht ist, »konserviert« werden. Das heißt offenbar, er ist ebenfalls aufgegeben worden. Die beiden anderen hofft man in absehbarer Zeit wieder in Betrieb nehmen zu können. Auch ohne genaue Angaben über die Strahlenbelastung in Händen zu haben, kann man wohl sagen, daß die Bedienungsmannschaften nicht zu beneiden sind, selbst wenn sie alle paar Wochen ausgetauscht werden. (36: 26. 5. 1986; 39: 26. 5., 2. 6., 1. 7., 15. 7., 19. 7. 1986.)

Ahnungen vor dem Unglück?

Mit Genehmigung der Kiewer Partei veröffentlichte eine Einwohnerin aus der Kraftwerkssiedlung Pripjat Kritik am Reaktorbau in Tschernobyl – wohl der weiteren Anlage, die noch im Bau ist. Sie sprach von irrealen Programmen, die aufgezwungen würden, und von Normen, die nicht eingehalten würden; von zu wenig und zu schlechtem Beton, zu schwachen Fundamenten, schlampiger Arbeit, gefährlicher Eile. Traf diese Schilderung auch für den Unglücks-Reaktor zu? (36: 19. 5. 1986.)

Freigesetzte Radioaktivität

Es ist bereits das zweite Mal, daß größere Gebiete auf der Erde durch radioaktive Substanzen verseucht werden. In den sechziger Jahren waren es oberirdische Atombombenversuche, die zu 5000 Becquerel pro m^2 Cäsium-137 und 3000 Bq/m^2 Strontium-90 führten*.

Zehn Tage nach dem Reaktorunfall in Tschernobyl betrug in Südbayern die Aktivität 10–30 Tausend Bq/m^2 Cäsium-137; sie lag also bei der 2- bis 6fachen abgelagerten Cäsiummenge der Atombombenversuche. Zum Glück war der Anteil von Strontium-90 niedriger.

Da die Leistung des Reaktors in Tschernobyl um 30 % geringer war als die der deutschen und er mit weniger stark angereichertem Uran-235 arbeitete, ist anzunehmen, daß sein Inventar an radioaktiven langlebigen Spaltprodukten nur ein Drittel desjenigen der Deutschen Kernreaktoren betrug. Hiervon wurde auch nur ein Teil freigesetzt. Zum Vergleich ist es wichtig, zu wissen, daß die geplante Wiederaufarbeitungsanlage in Wackersdorf nach mehrjährigem Betrieb über 50mal so viel langlebige Spaltprodukte enthalten wird.

Das Inventar des Reaktors in Tschernobyl entsprach nach Schätzung amerikanischer Experten 1500 Hiroshima-Bomben. Der Chef des Fallout-Warnungssystems Lawrence Livermore, National Laboratory in Kalifornien, sprach von einer Mammut-Emission. Schät-

* Becquerel (Bq) ist das Maß für die Aktivität einer Probe. Es gibt an, wie viele Zerfälle von Atomen pro Sekunde auftreten. Meist wird die Aktivität auf einen Kubikmeter Luft (Bq/m^3), einen Quadratmeter Bodenfläche (Bq/m^2) oder ein Kilogramm (Bq/kg) oder Liter (Bq/l) eines Nahrungsmittels bezogen. Jedoch läßt sich eine Aussage über die gesundheitlich schädigende Wirkung nur machen, wenn das radioaktiv strahlende Element bekannt ist.

zungsweise seien 80 Millionen Curie von Jod-131 und 6 Millionen Curie von Cäsium-137 im Reaktorkern enthalten gewesen und zum größten Teil in die Atmosphäre entlassen worden, das ist das 5,7millionenfache des Beinahe-GAUs bei Harrisburg, nämlich 15 Curie im Jahre 1979 (1 Curie entspricht 37 Milliarden Bq oder Atomzerfällen pro Sekunde). (36: 5. 5. und 26. 5. 1986; 38.)

Sind weitere derart schwere Reaktorunfälle möglich?

Um diese Frage zu beurteilen, ist es wichtig, zu wissen, daß jeder Atomreaktor verschiedene Betriebszustände hat.

1. Die viele Wochen dauernde Anlaufphase, bei der der Mensch immer wieder steuernd eingreifen muß. Daß der Probebetrieb besonders heikel ist, zeigen zwei Kurzberichte.

a) Austreten erhöhter Radioaktivität am 4. 5. 1986 aus dem Hochtemperatur-Reaktor in Hamm-Uentrop während des seit Anfang des Jahres 1986 dauernden Probebetriebs. Ursache: Klemmen von Armaturen bei der Beschickungsanlage der Graphitkugeln. Diese muß geändert werden. 100 Kugeln zerbrachen. Die Betreiberfirma vertuschte den Vorfall gegenüber der Nordrhein-Westfälischen Landesregierung. Es handelt sich um einen Reaktor mit angeblich besonders hoher Sicherheit von grundlegend anderer Funktionsweise als die üblichen Siedewasserreaktoren. Offenbar war auch ein Filter defekt. (39: 2. u. 5. 6. 1986.)

b) Das Atomkraftwerk Kärlich bei Koblenz, das sich im Leistungstest befand, mußte am 26. 5. 1986 von dem Betriebspersonal nachts vorsorglich durch manuelle Schnellabschaltung des Reaktors stillgelegt werden. Nach Mitteilung des Ministeriums war es im nicht nuklearen Sekundärbereich zu einer »Unstabilität« in der Regelung der Hochdruckvorwärmer gekommen. (39: 27. 5. 1986.)

2. Vollastbetrieb

Hierauf sind die computerbetätigten Steuergeräte eingerichtet. Auf diesen Betriebszustand bezieht sich offenbar die Aussage der sogenannten absoluten Sicherheit von seiten der Betreiber der Anlagen. Jedoch geschah der Unfall in Harrisburg in dieser Phase.

3. Stillegungsphase

Jedes Jahr muß der Atom-Reaktor sechs bis acht Wochen stillgelegt werden zum Auswechseln von einem Drittel der Brennstäbe, die nicht mehr genügend Energie abgeben. Bei dieser Gelegenheit werden Reparaturen und Überprüfungsarbeiten ausgeführt. Der Mensch muß mit gezielten Handlungen eingreifen.

Nach zunächst vagen sowjetischen Angaben scheint es, daß in dieser Betriebsphase der Reaktor in Tschernobyl unkontrollierbar wurde bei geringer Energieabgabe, also nicht bei Vollast. Offenbar wurden ohne Genehmigung übergeordneter Stellen Versuche durchgeführt. Die örtlichen Behörden unterschätzten die Situation. – Soweit die magere Mitteilung sowjetischer Behörden drei Wochen nach dem Unfall. (39: 16. 6. 1986.)

Selbst acht Wochen danach werden nach einer Sondersitzung des Politbüros noch keine technischen Einzelheiten bekannt. Die Hinweise auf die Unfallursachen sind sehr allgemein gehalten. »Experimente« wurden vorgenommen, um Aufschlüsse über das Funktionieren der Turbogeneratoren zu gewinnen. – Man fragt sich verwundert, ob das nicht zur routinemäßigen Überprüfung gehört, ehe der normale Vollastbetrieb wieder aufgenommen wird?

Es heißt dann weiter: Die Betriebsleitung und das technische Personal hätte sich nicht auf dieses Experiment vorbereitet und die vorgeschriebene Abstimmung mit anderen Instanzen unterlassen. Während der Arbeiten hätten die erforderlichen Kontrollen gefehlt und die gebotenen Sicherheitsvorkehrungen seien unterblieben.

Es bestätigen diese Angaben, daß auch in der Reaktortechnik auf das Eingreifen des Menschen nicht verzichtet werden kann. Menschliches Versagen auf diesem Feld hat ungleich schlimmere Folgen als sonst in der Technik. Darum wurden vom Politbüro umfassende Maßnahmen zur Erhöhung der fachlichen Qualifikation des Bedienungspersonals angeordnet. Lehr- und Trainingszentren seien zu vermehren. Unabhängig hiervon war der Direktor des Tschernobyler Kraftwerks schon vorher abgesetzt worden; er wurde auch aus der Partei ausgeschlossen.

Zum Nachdenken gibt Anlaß, daß auch Persönlichkeiten abgesetzt wurden, die nicht für den laufenden Betrieb des Kernkraft-

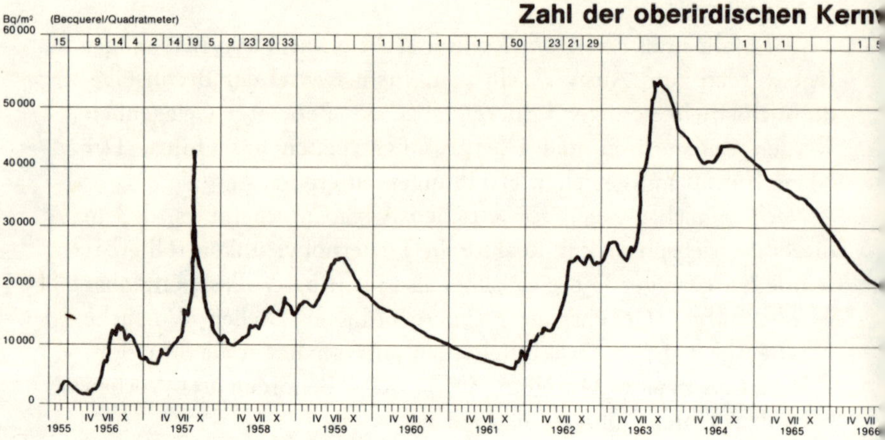

werks, sondern seine Konstruktion und Errichtung verantwortlich waren, so der stellvertretende Direktor des für den Reaktorbau zuständigen Forschungs- und Konstruktionsbüros, ein Stellvertreter des Ministers für Energiewirtschaft und Elektrifizierung und der erste stellvertretende Minister für mittleren Maschinenbau. Lagen etwa auch technische oder gar konstruktive Mängel vor? Man fragt sich, wie es in dieser Hinsicht mit den übrigen 16 Reaktoren gleichen Typs steht? Sie wurden nicht abgestellt, sondern nur überprüft! (39: 21. 7. 1986.)

Wenn man zeitlich zurückgeht, findet man, daß zwei Unfälle ähnlicher Art bereits geschehen waren, man also auf gewisse Erfahrungen zurückblicken konnte. Bei einem Reaktor gleichen Bauprinzips, graphitmoderiert, kam es ebenfalls zu einem Reaktorbrand. Wir berichteten in Teil I, Seite 24 dieser Schrift davon. Es war das am 10. 10. 1957 in Windscale, Nord-England, jetzt Sellafield, der Fall. 500 Quadratkilometer der Umgebung wurden radioaktiv verseucht. 1982 wurde bekannt, daß durch die Radioaktivität 40 Menschen im Lauf der darauffolgenden Jahre an Krebs gestorben waren.

Der zweite Unfall in Harrisburg im März 1979 ist auf Seite 25 kurz geschildert. Es kam zur Bildung einer Wasserstoffblase im

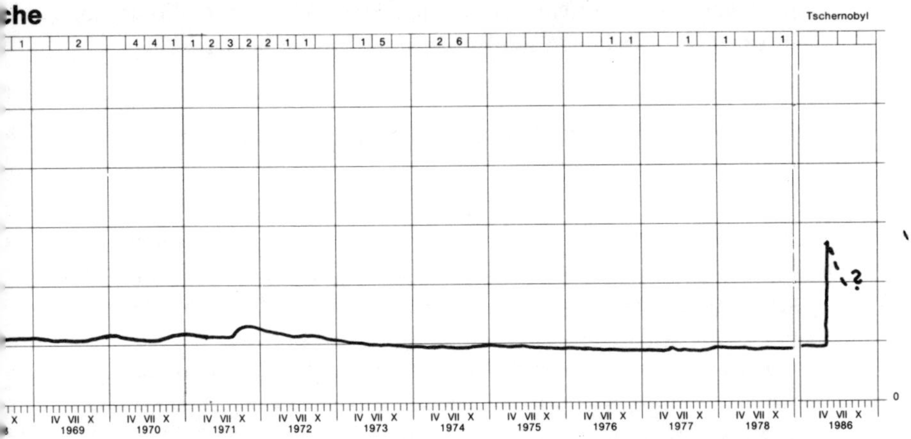

Abb. 2: Die Strahlenbelastung in Deutschland nach dem Reaktorunfall von Tschernobyl entsprach derjenigen eines oberirdischen Atombombentests über der Ukraine.

Reaktorkessel. Wasserstoff gelangte auch in den Sicherheitsbehälter. Tagelang bangte man, ob es zu einer Explosion kommen werde. Zum Glück löste sich die Wasserstoffblase auf. (36: 5. 5. 1986.) In Tschernobyl trat die Explosion dann wirklich ein. Ist ein Lernprozeß auf diesem komplizierten Gebiet nicht möglich?

Die Kernreaktoren westlicher Bauart sind mit einem Containment, d. h., einer Kuppel umschlossen, die eine Freisetzung von Radioaktivität am Anfang verhindert. Es ist das beruhigend und für viele Fälle wirksam. Einer Wasserstoffexplosion hält die Kuppel jedoch nicht stand, da sie hierfür nicht berechnet ist. Selbst wenn eine solche Explosion »nur« im Reaktor selbst erfolgt, können schwere Stahlteile das Containment durchschlagen, da es den vielbesprochenen Bestschutz noch nirgends gibt.

Bei allem Unglück konnte man in Tschernobyl auf die Reaktor-Ruine Sand, Bor, Blei usw. abwerfen. Eine solche einfache Maßnahme wäre bei unseren Reaktoren mit Containment unmöglich. Fragen über Fragen!

Wie steht es mit der Sicherheit der Kernkraftwerke in der Welt, wenn man zu dieser Problematik internationale Konferenzen einberufen will? Was kann dabei überhaupt herauskommen, da mehrere, ganz verschiedene Reaktorprinzpien verwirklicht sind, die sich auch in ihrer technischen Ausführung stark unterscheiden?

Der abschließende sowjetische Untersuchungsbericht

Knapp vier Monate nach dem Unfall wurde der Internationalen Atomenergie-Organisation (IAEO) in Wien ein 350 Seiten langer Bericht über die Ursachen des Unglücks übergeben. Führende Wissenschaftler gaben am 21. 8. 1986 auszugsweise der internationalen Presse die wichtigsten Punkte daraus bekannt.

Welch tiefe menschliche Schicksalstragik kommt allein in der kurzen Bemerkung zum Ausdruck, daß die Mitarbeiter des Kraftwerks sich um die Sicherheit des Reaktors Sorgen gemacht hatten und dies der Anlaß der Versuche war, die dann erst recht in die Katastrophe hineinführten. Zweifellos waren sie überzeugt, daß diese Versuche kein Risiko bedeuteten. Sie fühlten sich ihnen gewachsen. Es lagen die besten Absichten vor.

Hier der wörtlich übersetzte Bericht über die sechs Fehler, die zur Reaktorkatastrophe führten (nach dpa, 22. 8. 1986):

»In Tschernobyl das Allerheiligste verletzt«

Im Wortlaut Wladimir Legasows: Sechs Fehler, die zu der Reaktor-Katastrophe führten

Zur Erläuterung des sowjetischen Untersuchungsberichts über die Reaktor-Katastrophe von Tschernobyl nannte der Erste Stellvertretende Direktor des Moskauer Kurtschatow-Instituts für Atomenergie, Wladimir Legasow, sechs Fehler, die zusammen das Unglück verursacht hätten. Zum Verständnis der wörtlichen Übersetzung des Textes muß man wissen, daß sich die Explosion im Kraftwerk nach Angaben des Berichts infolge von Turbinen-Experimenten ereignete, nachdem der Atommeiler auf einen Bruchteil seiner 1000-Megawatt-Leistung heruntergefahren worden war. Zum Zeitpunkt des Unglücks waren nur sechs bis acht Regelstäbe betriebsbereit, obwohl zur Bewältigung einer solchen Panne mindestens 30 notwendig gewesen wären. Weil das automatische Regelsystem abgeschaltet war, erzeugte der Reaktor zuviel Energie, was zu einer Destabiliserung des Kerns führte. Wörtlich zählte Legasow auf:

»1. Die Herabsetzung des operativen Reaktivitätsgrades in der aktiven Zone des Reaktors war bedeutend größer als erlaubt. Die fehlerhafte Handlung war mit dem Bemühen verbunden, aus der ›Jodgrube‹ herauszukommen. Die Folge war, daß sich der Notschutz des Reaktors als nicht effektiv erwies.

2. Die Leistung des Reaktors war niedriger, als sie das Experiment verlangt hätte. Das Versuchsprogramm hätte auf einer Wärmeenergie von etwa 700 Megawatt basieren sollen. Tatsächlich aber lag das Niveau wesentlich darunter. Das hatte eine ganze Reihe von Problemen zur Folge, die mit der Reaktorsteuerung in komplizierter Weise im Zusammenhang stehen.

3. Während des Experiments wurden alle Kreislaufpumpen in Betrieb gesetzt. Nach den für diesen Reaktortyp geltenden Regeln sind drei seiner vier Kreislaufpumpen ständig in Betrieb, während die vierte als Reserve dient. Die Operateure schalteten alle vier an, obwohl die Leistung während des Experiments auf einem niedrigen Niveau lag. Das hatte fatale Konsequenzen für das thermo-hydraulische Betriebssystem, weil die Zuschaltung der vierten Pumpe die Leistungskraft überforderte.

4. Es wurden Schutzsysteme blockiert, die normalerweise den Reaktor stoppen, wenn der Dampf nicht den Turbogenerator erreicht. Zu jenem Zeitpunkt war das der Fall, um das Experiment durchführen zu können. Das Personal wollte bei dem Versuch eine automatische Abschaltung des Reaktors verhindern und setzte deswegen die Schutzanlage außer Betrieb. Daher arbeitete der Reaktor mit geringer Leistung weiter.

5. Ebenso schaltete das Bedienungspersonal Schutzsysteme zur Kontrolle des Dampfdrucks und des Wasserstands ab.

6. Noch vor Beginn des Experiments wurde das ›Allerheiligste‹ verletzt: Das Personal schaltete das Notkühlsystem aus, das in dem Fall zu arbeiten beginnt, wenn der Reaktor seines Wärmeträgers verlustig geht. Das besagte Kühlsystem war am 25. April um 14 Uhr manuell abgeschaltet worden. Dann wurde das Experiment auf die Nacht verschoben, ohne daß die Notkühlanlage wieder in Betrieb genommen worden wäre. Das Unglück trat knapp zwölf Stunden später, am 26. April um 1.23 Uhr, ein. Wäre nicht der letzte Fehler gemacht worden, hätte das Unglück aufgrund der anderen falschen Handhabungen zwar nicht verhindert, aber begrenzt werden können.«

Man kann diesen Bericht oberflächlich lesen und die Fehler und Versäumnisse als haarsträubend bezeichnen, wie es in Zeitungskommentaren auch geschah. Es liegt nahe, sich dann darüber zu erheben und im Brustton der Überzeugung auszusprechen: So etwas kann bei uns nicht passieren, unsere Kernkraftwerke sind sicher!

Das ist die eine Seite. Die andere haben wir jedoch auch angedeutet. Es gibt eben beim Atomreaktor Zustände, in denen er nicht vollautomatisch arbeitet und der Mensch eingreifen muß, gerade auch wenn es sich um Probeläufe handelt, die über das Betriebsverhalten Aufschluß geben sollen und deshalb nicht überflüssig sind.

Aus dem Bericht geht hervor, daß man nicht fahrlässig handelte, sondern überlegt vorging. Man wählte eine sehr niedrige Leistung, sicher um das Risiko zu verringern. Überall sonst in der Technik erscheint das sinnvoll. Daß gerade das eine ganze Reihe von Problemen zur Folge hatte, die mit der Reaktorsteuerung in komplizierter Weise in Zusammenhang stehen, und man für den Versuch zwei Drittel der Vollast hätte wählen müssen, ist offenbar eine spätere Erkenntnis. Als bedeutsam wurde schon auf Seite 21 herausgestellt, daß ein Kernreaktor hinsichtlich seiner Regelung an einer Grenze arbeitet. Es ist für das Betriebspersonal nicht ganz einfach, sich das ständig vor Augen zu halten. Die Russen hatten von jeher auf technischem Gebiet die Fähigkeit zu genialen Improvisationen. Aber auf dem Feld der untersinnlichen Wirkungen ist es fragwürdig, technischen Instinkt entwickeln zu wollen.

Es wurde zugegeben, daß die Konstrukteure des Reaktors eine solche Anhäufung menschlicher Fehler und Verstöße gegen die Vorschriften nicht eingeplant hätten. Verbesserungen der Technik seien nötig. Man stellte außerdem Überlegungen an, welche Standorte man in Zukunft für Atomkraftwerke wählen werde – sicher in entlegenen Gebieten. Daraus spricht nicht die Überzeugung, Atomkraftwerke seien absolut sicher!

Nicht eingegangen wird in dem Bericht für die Presse, warum sich das Betriebspersonal Sorge um die Sicherheit des Reaktors gemacht hatte. Ferner wird nicht besprochen, wie es zur Bildung des Wasserstoffs kam, durch den die Explosion verursacht wurde. Da auch in Harrisburg als Folge der Überhitzung von Brennstäben Wasserstoff entstand, müßte es zu den wichtigsten Anliegen der Kerntechniker gehören, diesen großen Gefahrenpunkt zu entschärfen – sofern das überhaupt möglich ist. (39: 22. 8. 1986.)

Materialermüdung bei kerntechnischen Anlagen

Auf Seite 30 wurde diese Frage bereits angeschnitten. Man taxierte früher die Betriebszeit eines Atomreaktors auf 30 Jahre. Jetzt zeigt sich aber schon nach 14 Jahren, daß Material unter den Neutronen-Bestrahlungswirkungen versprödet. So bei dem Reaktor des Kernkraftwerkes in Stade an der Elbe, nördlich von Hamburg. Durch Neutronenbestrahlung ist an der Rundschweißnaht des Reaktordruckbehälters eine stärkere als ursprünglich vorausberechnete Bestrahlungsreaktion eingetreten. Abhilfemaßnahmen werden erdacht, die wesentliche Funktionen verändern – man nennt das Umrüsten (eine genauere Besprechung würde hier zu weit führen). Ähnliche Erscheinungen werden von Reaktoren in Philippsburg und Brunsbüttel berichtet. Es ist ja sehr erfreulich, wenn man hört, daß die älteren Kernkraftwerke in Baden-Württemberg, Obrigheim (1968) und der erste Block in Philippsburg (1979), durch nachträgliche Einbauten modernsten Ansprüchen an die Sicherheit angepaßt wurden. Es wird gleichzeitig damit aber zugegeben, daß sie den heutigen Anforderungen, die Sicherheit betreffend, früher nicht entsprachen. Die Sorgen werden, je älter unsere Kernkraftwerke werden, immer größer. Ist es doch weitgehend eine Ermessensfrage, wann man einen Reaktor endgültig abschaltet. Gewaltige Kosten stehen auf dem Spiel, wenn man die Abschaltung verfrüht vornimmt. (36: 19. 5. 1986; 39: 30. 5. 1986.)

Neues Sicherheitskonzept für Kernkraftwerke?

Bundesregierung, Reaktorsicherheitskommission und Kernkraftwerksindustrie erwägen neue Maßnahmen, um die nach dem Unfall von Tschernobyl doch nicht mehr so sicher erscheinenden Kernkraftwerke besser zu schützen.

1. Gegen den Aufprall von Flugzeugen durch Verstärkung der Kuppel oder eine weitere zusätzliche Kuppel.
2. Als Schutz gegen Erdbeben den Reaktorblock auf federndes Material zu setzen.

3. Eine Beton-Auffangschale unter dem Reaktor vorzusehen für den Fall einer Kernschmelze.
4. Ein leistungsfähiges Entlüftungssystem für das Containment zu schaffen mit Großfiltern für den Fall, daß der Überdruck zu hoch wird und dadurch die Kuppel aufbrechen würde.
5. Abschottung des Grundwassers gegen Verseuchung durch tief in den Boden eingelassene Schutzwände.
6. Den gesamten Reaktorbau unter die Erde zu legen.

Das ist wohl alles »technisch« machbar, aber die Kostenfrage völlig ungeklärt.

Zur gleichen Zeit bekräftigt der sowjetische Ministerpräsident bei der Erörterung des neuen Fünfjahresplanes ein weiteres Vorantreiben der Kernkraft. Für eine hohe Verläßlichkeit müsse gesorgt werden. (39: 19. 6. 1986.)

Zeitlicher Ablauf der Ereignisse von Tschernobyl

26. April Samstag, 1.23 Uhr Explosion in der Werkhalle Reaktor I bei Tschernobyl.

27. April Sonntag, Strahlungshöchstwerte in Tschernobyl, mittags Evakuierung des Ortes Pripjat in der Nähe des Reaktors, abends Alarm in der zentralen polnischen Überwachungsstelle aufgrund eigener Messungen.

28. April Verständigung der Regierung in Moskau. In Schweden wird um das Fünffache erhöhte Radioaktivität gemessen.

29. April UdSSR fragt in Schweden an, wie Reaktorbrände zu bekämpfen seien. Polen wird informiert.

30. April Elf Millionen Kinder in Polen erhalten Jod-Präparate.

1. Mai In Stuttgart 30fache Radioaktivität der Luft, über Normal.

3. Mai Katastrophenalarm in Rumänien – Tschernobyl 20 km entfernt vom Unglücksreaktor wird geräumt. Somit sind 92 000 Menschen nun insgesamt evakuiert.

4. Mai Regenfälle in der Bundesrepublik lassen die radioaktiven Bodenwerte dramatisch ansteigen.

5. Mai Beschlagnahmung von belastetem Gemüse in der Bundesrepublik.

6. Mai Die Sowjetunion informiert erstmals auf einer Pressekonferenz über den Reaktorunfall. – EG-Einfuhrverbot für Lebensmittel aus Osteuropa.

In den nächsten Tagen wurde die radioaktive Wolke durch Regenfälle ausgewaschen. Die Radioaktivität war auf die Erdoberfläche gelangt. Die größten Teile Europas und ein wesentlicher Teil des westlichen Rußlands waren radioaktiv verseucht, damit auch auf Jahrzehnte die Nahrungskette. In diesem Sinn seien noch zwei spätere Ereignisse dieser Zeitabfolge hinzugefügt:

5. Juni Die Sicherheitszone wird auf das Gebiet in Richtung Gomel erweitert. Gomel liegt ca. 140 km nordnordöstlich von Tschernobyl.

18. Juni Die Fische in ca. 20 000 schwedischen Teichen und Seen sind so stark radioaktiv, daß die zugelassenen Werte von 300 Bq pro Kilo für Cäsium-137 weit überschritten wurden. (37: 16. 5.; 39: 7. 5., 24. 5., 18. u. 19. 6. 1986.)

Radioaktive Belastungen in der Sowjetunion, Polen und den Nachbarländern auf dem Balkan

Über die wirklich vorliegenden radioaktiven Belastungen im Osten wurden Einzelheiten nicht bekannt. Jedoch läßt sich durch Zusammenfassen einer Anzahl von kurzen Notizen doch ein Bild davon machen, wie schwer betroffen viele Menschen dort sind, ohne daß sie davon erfuhren.

Am schwersten gesundheitlich geschädigt waren die im Reaktorumkreis selbst Beschäftigten, so vor allem die Feuerwehrleute, die mit Heroismus das Übergreifen des Feuers auf weitere Reaktorblöcke verhinderten. Professor Gale, der aus Amerika zugezogene Spezialist für Knochenmarktransplantationen, ließ keinen Zweifel daran, daß über 300 Personen wesentliche Strahlenschäden abbekamen, davon sind 35 Schwerstfälle. 19 Erkrankte erhielten Knochenmarkverpflanzungen. Bis drei Wochen nach dem Unfall waren neun Menschen gestorben, zwölf Wochen danach waren bereits 28 Todesopfer zu beklagen.

Zunächst betrug der Sicherheitsbereich um den Unglücksreaktor 10 km. Die Werkssiedlung Pripjat wurde nach 36 Stunden geräumt. Nach acht Tagen erst wurde Tschernobyl in 20 km Entfernung evakuiert. Die bis dahin insgesamt evakuierten 92 000 Menschen waren stark betroffen durch die Radioaktivität.

Zu denken gibt, daß von einer polnischen Meßstation Mikolajki bei den masurischen Seen, 622 km nordwestlich von Tschernobyl, d. h. in der Windrichtung, die bei dem Unfall herrschte, eine 500mal höhere Belastung der Luft gemessen wurde als normal (bei uns 30fach). Dieser Wert wurde an die Atomenergiebehörde in Wien gemeldet, aber in Polen nicht bekanntgegeben.

In 48 Stunden und allein auf dem Atemweg nahmen die Menschen dort eine höhere radioaktive Dosis auf, als im Westen für extrem belastetes Röntgenpersonal in einem Jahr zulässig ist. Im Umkreis von 500 km um Tschernobyl werden die Todesfälle allein durch Lungenkrebs in den nächsten Jahrzehnten um schätzungsweise 10 000 Menschen zunehmen. Hinzu kommen andere Krebsarten, Erbschäden sowie höhere Anfälligkeiten für Infektionskrankheiten durch strahlenbedingte Schwächung des Immunsystems (Kernkraftexperte Prof. Scheer, Bremen).

In Polen handelte man von allen östlichen Ländern am raschesten. Es wurden binnen kürzester Zeit 200 zusätzliche Meßstellen eingerichtet und fünf Tage nach dem Unglück etwa elf Millionen Kinder mit Jod-Präparaten versorgt.

Griechenland, Jugoslawien: 29. 4.–1. 5. große Regenmengen. Hohe Belastung von Boden und Grundwasser. Da die Wasserversorgung vielfach aus Hausbrunnen erfolgt, sah es mit der Radioaktivität des Wassers nicht gut aus. Das Vieh mußte auf der Weide das kontaminierte Gras fressen, weil Trockenfutter in Griechenland unbekannt ist. In Jugoslawien wurde empfohlen, Straßenkleidung nicht in die Wohnung zu nehmen und das Wandern zu unterlassen.

Ost-Rumänien: Es traten leichte Strahlenerkrankungen auf, Evakuierungspläne wurden erörtert, im übrigen schwieg man in den

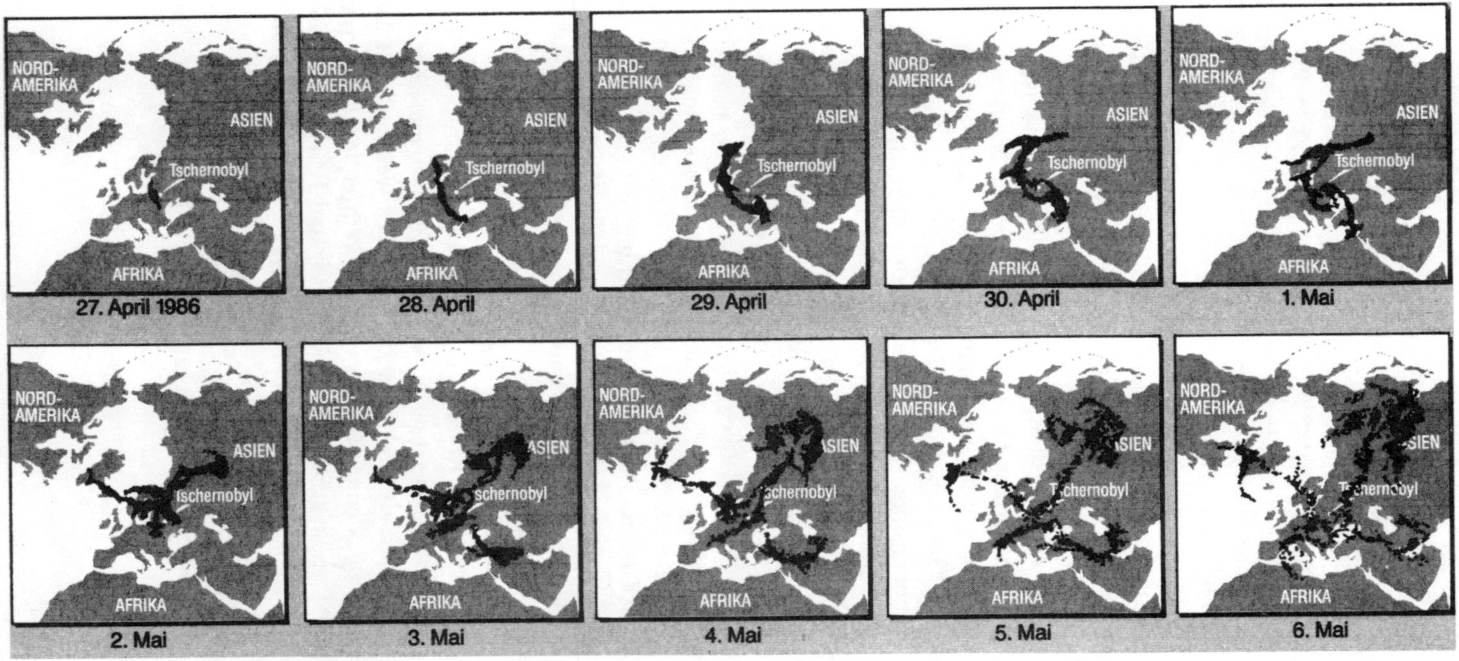

Abb. 3: Die Strahlenwolke von Tschernobyl – Ein Kreuz über Mitteleuropa. Die Ausbreitung der radioaktiv verseuchten Luftmassen in den ersten zehn Tagen nach dem Tschernobyl-Reaktorunglück vom 26. April (Rekonstruktion des amerikanischen Atomforschungszentrums Lawrence Livermore Laboratory in Zusammenarbeit mit dem Wetterdienst der U.S. Air Force. Aus dem ›Spiegel‹ Nr. 22 vom 26. 5. 1986).

ersten Tagen. Später empfahl man, eine gewisse Zeit in den Häusern zu bleiben.

Schweden war besonders stark betroffen. Wie schon besprochen, machte sich der Fallout von Tschernobyl besonders unglücklich in den schwedischen Seen bemerkbar. Die Algen reicherten Cäsium-137 auf mehrere 1000 Bq pro kg an. Die Fische ernähren sich von Algen. Infolge der langen Halbwertszeit von Cäsium-137 von 30 Jahren muß man befürchten, daß bis zum Herbst 1986 die Becquerel-Werte der Fische auf 30 000 pro kg ansteigen werden, das Hundertfache der für Ernährungszwecke zulässigen Belastung. Ähnlich verhält es sich mit den Rentieren in Schweden und Südnorwegen, die sich von den hochkontaminierten Flechten und Moosen ernähren, und letztere bewahren ihre hohe Radioaktivität an Cäsium-137 ca. fünf Jahre! Drei Monate nach dem Unfall wurde bekannt, daß ca. 100 000 Rentiere notgeschlachtet werden müßten. Bei Fleisch von wild lebenden Renen maß man bis zu 50 000 Bq/kg.

Die Bewohner von Kiew, 130 km südlich von Tschernobyl, waren nach russischen Meldungen angeblich nicht wesentlich von Radioaktivität betroffen. Man empfahl Vorsicht beim Genuß von Gemüse und Frischmilch. Zu denken gibt aber, daß vier Waggons mit Maschinenteilen, die von Kiew aus in Ravensburg eingetroffen waren, starke Kontamination zeigten (Beta-Aktivität 200 000 Bq pro m^2). Die Landesanstalt für Umweltschutz in Karlsruhe stellte neben anderen radioaktiven Stoffen beunruhigenderweise einen 1%igen Anteil von Plutonium fest, wohl dem giftigsten aller radioaktiven Elemente überhaupt.

Daß Plutonium-239 in dem radioaktiven Fallout vertreten ist, war anzunehmen. Denn der Reaktor war eingerichtet dafür, Plutonium zu erbrüten. Plutonium ist so giftig, daß im Organismus nur 0,6 Millionstel Gramm als noch zulässig angesehen werden Es ist das eine so minimale Menge, daß sie in einen Würfel von 0,032 mm Kantenlänge Platz hat. Besonders gefährlich sind Teilchen von eintausendstel Millimeter Größe, die zu groß sind, um aus der Lunge wieder ausgeatmet zu werden. Sie können den Anlaß für die Entstehung von Lungenkrebs abgeben[3, 18]. (Siehe auch S. 34).

Es ist zu befürchten, daß Plutonium in dieser Konzentration von

1 % des Fallouts den Erdboden bei Kiew bedeckt. Durch Feldarbeiten mit Traktoren gelangt der Staub vom Boden in die Lungen der Arbeitenden. So ist der Bericht aus Rußland verständlich, daß in Zukunft in den betroffenen Gebieten der Ukraine die Führerhäuser der Traktoren hermetisch gekapselt sein werden. Die Feldarbeiten innerhalb der 30-km-Sicherheitszone sind zwar zwei Monate nach dem Unfall wieder aufgenommen worden, die dabei beschäftigten Bauern wurden aber nach zehn Tagen jeweils von anderen Brigaden abgelöst.

Einen Eindruck von der gesundheitlichen Belastung der Bevölkerung Weißrußlands gibt eine Notiz in der »Prawda«, daß sechs Wochen nach dem Unfall die Sicherheitszone um Tschernobyl wesentlich erweitert wurde. So wurden Brunnen bei Gomel, ca. 140 km nordnordöstlich von Tschernobyl, geschlossen oder ausgespült. Zur Beobachtung wurden viele Menschen in Krankenhäuser eingeliefert, die meisten aber wieder entlassen. Die Bevölkerung durfte von den Agrarerzeugnissen und Milch nicht genießen und wurde mit Konserven beliefert. Was haben sie in den sechs Wochen davor an Radioaktivität mitbekommen?

Trinkwasserversorgung von Kiew: In den ersten Wochen nach dem Unglück versicherte die amtliche russische Nachrichtenagentur TASS immer wieder, das Trinkwasser von Kiew sei nicht in Mitleidenschaft gezogen. Kiew liegt am Dnjepr, in den oberhalb der Pripjet einmündet, an dessen Ufer der Unglücksreaktor liegt. Es wurde lediglich zeitweise abgeraten, im Dnjepr zu baden oder zu angeln. Jedoch muß in den Monaten Mai und Juni fieberhaft und mit einer großen Zahl von Arbeitskräften daran gearbeitet worden sein, das ganze Trinkwassersystem von Kiew vom Grundwasserbereich des Dnjepr zu trennen und auf das Einzugsgebiet des bei Kiew einmündenden kleineren Flusses Desna zu verlagern. Es wurden 58 neue artesische Brunnen gebohrt und eine neue Pumpstation gebaut. Offenbar befürchtete man das Hineinschwemmen von radioaktiv verseuchter Erde in den Pripjet und Dnjepr bei Regenfällen. Die Ufer des Pripjet wurden betoniert.

In der Zwischenzeit hatte man durch pausenlos im Einsatz befindliche Spezialflugzeuge Regenfälle verhindert, um die Wasserreservoirs in der Umgebung des Unglücksreaktors vor Oberflächenwasser und Erdeinschwemmungen zu schützen. Diese Flugzeuge lösten aufziehende Regenwolken durch Ausblasen von Kohlensäure-Trokkeneiskristallen auf. (36: 12. 5.; 39: 12., 16., 25., 30. 5.; 5., 6., 20., 30. 6.; 9. 7.; 5. 8. 1986.)

Über zwei Monate nach dem Unfall wurden noch weitere Einzelheiten bekannt. Mehrere 100 000 Personen seien vorsorglich auf Gesundheitsschädigungen untersucht worden. Die aus dem 30-km-Umkreis um Tschernobyl Evakuierten – es handelt sich um 92 000 – sollen 40 Jahre lang gesundheitlich überwacht werden. Hierfür wurde eine besondere Organisation geschaffen. Man erwog ferner, die aus Kiew bald nach dem Unfall in die Ferien geschickten Kinder noch länger auswärts zu belassen.

Wenn im Herbst das Laub in Kiew von den Bäumen fällt, kann es nicht in üblicher Weise verrotten, sondern es muß in Deponien endgelagert werden. Es handelt sich schätzungsweise um 70 000 Tonnen.

Am Rande des Wasserreservoirs von Kiew soll laut »Prawda« eine neue Ansiedlung für 10 000 Personen entstehen, und zwar für Bauarbeiter, die mit der Beseitigung der am Kraftwerk entstandenen Schäden beschäftigt sind. Es sollen dort auch Spezialisten wohnen, die aus anderen Städten der UdSSR kommen, um bei der Beseitigung der Schäden des Reaktorunglücks zu helfen. Bis Oktober 1986 sollen 7250 Häuser und 200 kulturelle Einrichtungen im Gebiet von Kiew und Schitomir errichtet werden, und 6000 weitere für die aus der Tschernobyl-Region evakuierten Bewohner instand gesetzt werden. (39: 21. u. 24. 7. 1986.)

Aus dieser Zusammenschau wird deutlich, wie einschneidend die Katastrophe in das Schicksal großer Gruppen von Menschen eingegriffen hat, ganz zu schweigen von den Kosten, die durch die vielen notwendigen Aktionen entstehen! Und für viele weitere Jahre müssen zusätzliche Geldmittel bereitgehalten werden, die keinerlei volkswirtschaftlichen Nutzen bringen.

Übertragung der Situation auf die Bundesrepublik

Restrisiko

Zunächst darf festgestellt werden, daß der Einschluß des Atomreaktors in einem Sicherheitsbehälter (containment) bei allen Störfällen, die nicht zu Explosionen oder zur Kernschmelze führen, einen großen Schutz für die Umgebung darstellt. Zweifellos wird durch diese Barriere auch Zeit gewonnen. Denn ein Überdruck, der zu einer Zerstörung des Sicherheitsbehälters führt, muß sich erst aufbauen. Eine andere Frage ist, ob diese Zeit wirklich genutzt wird. In Harrisburg zeigte sich dasselbe wie in Tschernobyl: Die für den normalen Betrieb des Kernkraftwerks geschulte Mannschaft war nicht in der Lage, die Situation richtig zu erfassen. Ganz abgesehen davon ist es nur allzu menschlich, eine unangenehme Tatsache erst dann zuzugeben, wenn es nicht mehr anders geht, d. h. im letzten Augenblick.

Für den Fall, daß der Sicherheitsbehälter die radioaktiven Substanzen nicht mehr zurückhalten kann, wird bei uns die Situation schlimmer, als man sich das bisher vorstellte. Die Schutzzone von Tschernobyl hat einen Radius von 30 km und wurde in Richtung Gomel, Entfernung ca. 140 km, wesentlich erweitert. Vermutlich müßten bei einem vergleichbaren Unfall bei uns die Sicherheitskreise weit größer als 30 km gewählt werden, weil das radioaktive Inventar bei unseren Kernreaktoren, von wenigen Ausnahmen abgesehen, dreimal so groß ist wie das des Reaktors in Tschernobyl. Es liegt das einmal an der höheren Uran-Anreicherung der Brennstäbe, aber auch an der größeren Leistung unserer Reaktoren.

Nimmt man die in Baden-Württemberg ausgegebene Katastrophenschutzbroschüre zur Hand, so werden da drei Zonen unterschieden: Zentralzone mit 2 km Radius, Mittelzone mit 10 km Radius und Außenzone mit etwa 25 km Abstand vom Atomreaktor. »Die Rahmenempfehlungen und ihnen folgend die besonderen Katastropheneinsatzpläne sehen alarmplanmäßig vorbereitete Schutzmaßnahmen für die Zentral- und Mittelzone vor. (Also nur bis 10 km Radius!) In der Außenzone sind die Meß- und Probenahmeorte festgelegt; die Alarmierung ist planmäßig vorbereitet.«

Wenn man die Verhältnisse von Tschernobyl auf die Bundesrepublik überträgt, müßte man Kreise von weit über 30 km Radius um einen Unglücksreaktor ziehen und ganz von Menschen evakuieren! Millionen von Menschen wären betroffen, da viele große Städte bei uns innerhalb dieser Entfernung von einem Kernkraftwerk liegen. Wir wollen hier einhalten, denn das Ausmaß einer solchen Katastrophe kann sich jeder ausmalen! (40)

Dies sind die Gründe dafür, daß 222 Dozenten der Tübinger Universität Mitte Juni 1986 an Bundeskanzler Kohl den Appell richteten, für alle projektierten Kernkraftwerke einen Planungs- und Baustopp zu veranlassen und verstärkt die Erforschung und Entwicklung alternativer Energiequellen voranzutreiben. »Die verharmlosende Kategorie des ›Restrisikos‹ verfehlt die Dimension möglicher Katastrophen.« Es ist »unzulässig« und ein »Mißbrauch der Naturwissenschaften«, wenn Risikoabschätzungen zur Begründung politischer Entscheidungen herangezogen werden. Auch die geringste Möglichkeit eines schweren Reaktorunfalls sei nicht vertretbar und zwinge zum Umdenken. Es gelte, entschlossen alle Energiesparmaßnahmen zu fördern und eine möglichst rasche Stillegung der Atomkraftwerke zu bewirken und nachdrücklich auf Nachbarländer einzuwirken, sich diesem Programm anzuschließen. (39: 20. 6. 1986.)

Über das Risiko der Wiederaufarbeitung von Brennelementen wurde bereits in Teil I dieses Buches ausführlich gesprochen. Inzwischen sind von den Politikern die Entscheidungen so weit vorangetrieben worden, daß in Wackersdorf in Bayern, ca. 30 km Luftlinie von Regensburg, 70–80 km von Nürnberg-Fürth und Ingolstadt und ca. 140 km von Augsburg, München und Passau entfernt, eine solche Wiederaufarbeitungsanlage entstehen soll.

Daß hier Wissenschaftler ernste Bedenken haben, geht aus einem warnenden Aufruf von über 400 Physikern der Münchener Universität hervor, die sich gegen den Bau einer solchen Anlage wenden und jede Mitarbeit ablehnen. (39: 18. 7. 1986.)

Ratschläge an die Bevölkerung im Fall der Freisetzung größerer Mengen an Radioaktivität

Wir wollen uns, um hier klarzusehen, die einzelnen Phasen der Verteilung von Radioaktivität über größere Gebiete, wie wir sie erlebten, noch einmal vor Augen führen.

1. Freisetzung von radioaktiven Substanzen in die Luft. Die radioaktive Wolke ist absolut unsichtbar. Sie besteht aus Gasen und kleinsten Partikeln. In 30 km Umkreis vom Unfallort (bei uns weit mehr) ist Evakuierung der Bevölkerung so rasch als möglich notwendig (im Bereich von Tschernobyl erfolgte sie viel zu spät). Der Aufenthalt in geschlossenen Räumen schützt vor gewissen radioaktiven Spitzenwerten. Denn ein Teil der Substanzen hat eine kurze Abklingzeit (Halbwertszeit), die man vorteilhafterweise erst einmal im Haus abwarten kann. Von Tschernobyl gelangten zu uns, neben anderen Nukliden, Tellur-132, Halbwertszeit drei Tage, und Jod-131, Halbwertszeit acht Tage. Sie traten mit je knapp einem Drittel der Gesamtbelastung in Erscheinung, wie nachträglich festgestellt wurde. Da sich Jod-131 in der Schilddrüse akkumuliert, ist es in der ersten Zeit besonders zu berücksichtigen: eventuell Abgabe von Jod-Präparaten besonders an Kinder und Jugendliche. Die vorherrschende Windrichtung ist von größter Bedeutung.

2. Regenfälle führen zu einer Auswaschung der radioaktiven Partikel und einer Abnahme der Radioaktivität der Luft. Sie tragen aber die Partikel auf die Erdoberfläche und die Pflanzenwelt. Nun belastet der Aufenthalt im Freien durch die vom Erdboden ausgehende Strahlung den Organismus. Dafür ist die Atemluft dann weniger gesundheitsschädlich.

Gravierender wird etwas später das Auftreten der Radioaktivität in der Nahrung. Zunächst findet sie sich auf der Oberfläche von Freilandgemüse. Abwaschen hilft nur teilweise. Darum mußte, bis die radioaktive Belastung durch Jod-131 halbwegs abgeklungen war, dieses Gemüse aus dem Verkehr gezogen bzw. im Freigelände untergepflügt werden. Besonders belastet wird die Milch von Kühen, die mit Frischfutter versorgt werden. In der Milch treten radioaktive Bestandteile in angereicherter Form auf.

3. Jod-131 tritt nach und nach in den Hintergrund. Nach 24 Tagen ist es auf ein Achtel seiner anfänglichen Radioaktivität abgeklungen. Substanzen mit längerer Halbwertszeit müssen nun, wenn Nahrungsmittel wieder freigegeben werden, berücksichtigt werden. Sie belasten den Menschen über Jahre. Solange sie in Gemüse, Milch und Fleisch mit hohen Werten vertreten sind, sollte man diese Nahrungsmittel vorübergehend meiden. Es handelt sich um Cäsium-137 mit 30 Jahren und Strontium-90 mit 28 Jahren Halbwertszeit, ferner um Kohlenstoff-14 mit 5730 Jahren in Luft und Wasser. Diese Substanzen verringern sich nach und nach, wenn neues Gras und Gemüse, das nicht von dem Fallout betroffen war, nachgewachsen ist.

Skizze zum Begriff Halbwertszeit

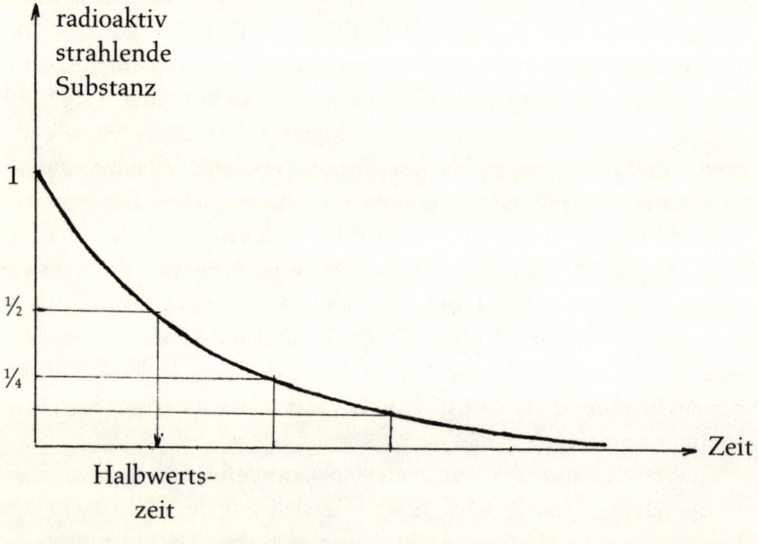

Die Halbwertszeit gibt für ein radioaktives Element denjenigen Zeitraum an, in dem seine Strahlungsaktivität auf die Hälfte des ursprünglichen Wertes abgenommen hat. Nach der doppelten Halbwertszeit ist also noch ein Viertel der ursprünglichen Aktivität vorhanden. Sie klingt nicht in der doppelten Zeit auf Null ab.

Aufnahme radioaktiver Substanzen durch die Pflanzen

Durch die Luft herangeführte radioaktive Stoffe werden bei Nebel und Nieselregen über die Blätter aufgenommen, so auch Jod-131. Darum läßt sich nur ein Teil davon abwaschen. Der größte Teil dieser Substanzen gelangt schließlich auf den Erdboden und dringt dort ein. Dieses Eindringen verläuft relativ langsam. Wie Messungen auf der Insel Reichenau durch die Universität Konstanz ergaben, befand sich nahezu das gesamte Jod-131 und Cäsium-137 nach zehn Tagen noch in den oberen 10 cm der Bodenschicht. (11. 5. 1986.)

Da die Menge an Radionukliden im Erdboden fast nur durch ihren Zerfall zurückgeht, ist die Belastung der Nahrung vom Boden her stark von ihrem Übergang in die Wurzeln der Pflanzen abhängig. Wegen seiner chemischen Verwandtschaft mit Kalium wird Cäsium-137 (Halbwertszeit 30 Jahre) und infolge seiner Beziehung zu Calcium wird Strontium-90 (Halbwertszeit 28 Jahre) von Pflanzen aufgenommen.

Der Übergang radioaktiver Stoffe vom Boden aus über die Wurzel in die Pflanze ist noch wenig erforscht. Die Schwankungsbreite der Meßergebnisse ist erstaunlich groß, bis 1:100, d. h., je nach den Verhältnissen können niedrige Werte auftreten, dann aber wieder 100fach höhere.

Für Blattgemüse, Kartoffeln und Wurzelgemüse sind die Werte für Cäsium-137 niedriger als für Strontium-90, letzteres war im Fallout sehr viel weniger vertreten, vermutlich nur mit 1 % (siehe übernächster Abschnitt).

Der vom Bundesministerium des Inneren für Berechnungen empfohlene Transferfaktor für Vegetation (1979) ist:

$$\frac{\text{Bq/kg Pflanze – Frischgewicht}}{\text{Bq/kg Boden – Trockengewicht}} = \begin{array}{c|c} 0{,}05 & 0{,}4 \\ \text{für Cäsium} & \text{für Strontium} \end{array}$$

(38)

Meßverfahren

Von den etwa 200 verschiedenen radioaktiven Substanzen, die im Kernreaktor anfallen, gelangten in signifikanten Mengen etwa 15 verschiedene von Tschernobyl zu uns. Jede dieser Substanzen hat andere chemische und physikalische Eigenschaften. So ist es nicht möglich, auf Anhieb etwas Sicheres darüber auszusagen, wie stark der Mensch gesundheitlich in Mitleidenschaft gezogen werden wird, wenn die radioaktive Wolke gerade eingetroffen ist. Jedoch weiß man, daß stets zuerst die Elemente Jod-131 und Cäsium-137 zu erwarten sind. In der Tabelle Seite 46 Teil I sind sie angegeben. Sie wurden bei uns in der ersten Zeit ständig genannt. Die Meßangaben lauteten in Becquerel (Bq), d. h., es wurde die Zahl der radioaktiven Zerfälle in der Sekunde angegeben.

Wenn es sich um Gammastrahlen handelt, so lassen sich ohne chemische Untersuchungen die einzelnen Elemente auf Grund der charakteristischen Energie der Gamma-Strahlung herausfinden. Meßdauer, je nach Konzentration der radioaktiven Substanzen, einige Minuten bis Stunden. Reine Beta-Strahler, wie das auf Seite 46 aufgeführte Strontium, wie auch Tritium, Kohlenstoff-14 und andere, müssen erst chemisch isoliert werden. Bei Strontium dauert die komplizierte Untersuchung bis zu 14 Tagen. Ähnlich ist es mit den Alpha-Strahlern, von denen Plutonium-239 und Uran-235 auf Seite 46 genannt sind.

Anmerkung hierzu: Strahlenmeßtrupps verwenden Geiger-Zähler, die Alpha-, Beta- und Gamma-Strahler erfassen können. Sie kosten ca. 4500 DM. Um eine korrekte Bestimmung der Radioaktivität der Luft vornehmen zu können, muß man ein teures Gerät für wenigstens 20 000 DM verwenden. Billige Geigerzähler geben nur eine grobe Orientierung über die anfallende Gamma-Strahlung. Wenn sie mit einem großflächigen Zählrohr ausgestattet sind, sind sie besonders geeignet. Die damit gemessenen Werte erscheinen jedoch zu niedrig, weil eben nur ein Teil der Strahlung erfaßt werden kann. (38; 36: 12. 5. 1986.)

Fernüberwachung: Die baden-württembergischen Fernüberwachungsstellen von Kernkraftwerken an der Schweizer Grenze bei Leibstadt und an der französischen Grenze lösten selbst bei den höchsten radioaktiven Luftbelastungen infolge des Tschernobyl-Unfalles keinen Alarm aus. Nach Aussage des Regierungspräsidenten war die Belastung weit unterhalb der ersten Meldeschwelle.

Schade, daß man kleinere Störfälle mit Abgabe immerhin nennenswerter Radioaktivität offenbar meßtechnisch nicht erfassen kann. (39: 14. 7. 1986.)

Zusammensetzung der radioaktiven Wolke

Zunächst erscheint es in der Rückschau wichtig, abschätzen zu können, wie hoch etwa der Anteil an radioaktiven Substanzen mit hoher Halbwertszeit war, die noch Jahrzehnte in der Nahrungskette verbleiben werden, die durch die Wolke von Tschernobyl zu uns gelangten. Der Größenordnung nach stimmten die Werte, die im Kernforschungszentrum von Karlsruhe in der Luft und von der Gesellschaft für Strahlen- und Umweltforschung in München am Boden gemessen wurden, ziemlich überein.

		Prozent	
	Halbwertszeit	Karlsruhe Luft	München Boden
Jod-131	8 Tage	36,6	27,0
Tellur-132	78 Stunden	15,6	34
u. Jod-132	2,3 Stunden	15,6	–
Cäsium-137*	30 Jahre	6,7	8,2
Cäsium-134	2,05 Jahre	3,5	3,0
Strontium-90	29 Jahre	0,07	nicht gemessen

Rest: Weniger wichtige Nuklide niedriger Halbwertszeit

Strontium-90 wurde also im Verhältnis zu Cäsium-137 nur in Höhe von 1 % festgestellt.

Nach Messungen der Kernforschungsanlage Jülich lag das Verhältnis von Strontium-90 zu Cäsium-137 zwischen 1,3 und 16 %. Auch Plutonium wurde in Jülich gemessen, und zwar etwa gleiche

* Berechnungen von Fachleuten ergaben, daß das gesamte Fallout an Cäsium-137 in der Bundesrepublik nur 230 g betrug. Aus dieser Angabe geht die ungeheure Giftigkeit dieser Substanzen allzu deutlich hervor. (39: 19. 9. 1986.)

Anteile von Plutonium-239 (Halbwertszeit 24 400 Jahre) und Plutonium- 238 (Halbwertszeit 86 Jahre). Die Gesamtaktivität lag hier bei Bodenproben bei 0,15 Bq/kg und von 0,0025 Bq/m^2. (38; 3. Auflage.)

Daß Plutonium-239 in dem radioaktiven Fallout vertreten ist, war anzunehmen. Denn der Reaktor war dafür eingerichtet, Plutonium zu erbrüten. In München wurde Plutonium in einer Menge gemessen, die dem 100fachen der Belastung entspricht, die bei den Atombombentests bis 1963 festgestellt wurde. Ähnliche Werte ergaben sich in Münster (Nuklearinstitut der Universität). Hinzugefügt wurde dort, daß der Verseuchungsgrad $1/100$ bis $1/1000$ der noch zugelassenen Werte betrage. Siehe auch S. 78 dieser Schrift.

Meßergebnisse der radioaktiven Belastung in der Bundesrepublik

Aus den Meßergebnissen ist eine ziemlich ungleichmäßige Verteilung der Radioaktivität über das Gebiet der Bundesrepublik festzustellen. Wegen stärkerer Regenfälle in der betreffenden Zeit war Süddeutschland schwerer betroffen als Norddeutschland. Besonders hoch lagen die Werte in Südbayern.

Nachstehend wird eine kleine übersichtliche Auswahl von Meßwerten wiedergegeben, die eine gewisse Aussagekraft gewinnen, wenn man sie mit Angaben der Strahlenschutzverordnung, mit der natürlichen Strahlung, den Werten nach den Atombombentests um 1963 und den von der Strahlenschutzkommission empfohlenen Höchstwerten vergleicht. Hierzu dienen die folgenden Tabellen. Es handelt sich um physikalische Daten, die einen direkten Rückschluß auf die Belastung der Menschen noch nicht zulassen. Jedoch ist einiges in bezug auf die Langzeitwirkung aus den Tabellen zu entnehmen, wenn man bedenkt, daß Jod-131 in seiner Radioaktivität nach einigen Wochen weitgehend abgeklungen ist. Dagegen bleibt die Belastung mit Cäsium-137 mit 30 Jahren und Strontium-90 mit 28 Jahren Halbwertszeit über lange Zeit erhalten.

Luft Jod–131

30. 4. 1986 Karlsruhe	61 Bq/m^3	Die Luft ist normalerweise nicht mit Jod–131 belastet.
1. 5. 1986 Darmstadt	166 Bq/m^3	
1. 5. 1986 Stuttgart	18 Bq/m^3	
8. 5. 1986 Regensburg	22,5 Bq/m^3	

Boden. In Bayern und Ostwürttemberg traten in der Bundesrepublik Anfang Mai 1986 die höchsten Werte von zum Teil mehreren 100 000 Bq/m^2 Beta-Gesamtaktivität auf, in Nordwürttemberg lagen sie bei nur 10 000 Bq/m^2, die natürliche Strahlung betrug vor dem Unfall etwa 2500 Bq/m^2. Laut Strahlenschutzverordnung darf die Oberflächenkontamination außerhalb von betrieblichen Überwachungsbereichen nicht 3700 Bq/m^2 überschreiten.

Zum Vergleich: Durch die Atombombentests wurden bis 1963 in unseren Breiten etwa abgelagert insgesamt: 5000 Bq/m^2 Cäsium-137, 3000 Bq/m^2 Strontium-90. (38: 2. Aufl., 39.)

Zu den Bodenwerten aus der Zeit von Ende Juli 1986

In Mainz und Wiesbaden wurden in Schulhofecken Strahlungsnester mit hoher Radioaktivität bis zu 20 000 Bq/m^2 festgestellt gegenüber 800 Bq/m^2 im übrigen Schulhof. Im Vergleich mit den obigen Zahlen muß bedacht werden, daß das Jod-131 bereits abgeklungen war und es sich nun um vorwiegend das langlebige Cäsium-137 handelte.

Die hohen Werte erklären sich dadurch, daß der Wind Staub vermehrt an bestimmten Stellen zusammengetragen hatte. Die Schulhöfe wurden durch Abspritzen gereinigt. Wo überall mögen noch solche Strahlungsnester in den Wohngegenden unserer Städte sein oder in der Landschaft irgendwo, am Meer in den Dünen, ohne daß wir davon wissen? (39: 25. 7. 1986.)

<table>
<tr>
<td>Gemessene Werte in Lebensmitteln als Beispiele
J = Jod, Cs = Cäsium,
Sr = Strontium</td>
<td>von der Strahlenschutz-Kommission Mai 86 empfohlene Höchstwerte in der BRD für Jod-131</td>
<td>Atombombentests bis 1963</td>
<td>nach Strahlenschutzverordnung</td>
</tr>
<tr>
<td>*Milch* Tagesmittelwerte
<table>
<tr><td></td><td colspan="4">Bq/ℓ</td></tr>
<tr><td></td><td colspan="2">5. 5.</td><td colspan="2">15. 5.</td></tr>
<tr><td></td><td>J-131</td><td>Cs-137</td><td>J-131</td><td>Cs-137</td></tr>
<tr><td>Bayern</td><td>450</td><td>180</td><td>210</td><td>130</td></tr>
<tr><td>Baden-Württemberg</td><td>92</td><td>14</td><td>39</td><td>22</td></tr>
<tr><td>Nordrhein-Westfalen</td><td>55</td><td>10</td><td>10</td><td>9</td></tr>
</table>
Wasser 3.5. Bodenseewasser 0,14 Bq/ℓ
Leipheim/Donau 130 Bq/ℓ</td>
<td>*Milch* 500 Bq/ℓ
(Hamburg 50 Bq/ℓ
Hessen 20 Bq/ℓ
aus eigener Verantwortung heraus)</td>
<td rowspan="2">Im Jahr 1963 wurden in Milch gemessen (Monatsmittelwerte) von
Cs-137 9,6 Bq/ℓ
Sr-90 2 Bq/ℓ

in den 70er Jahren
Cs-137
0,2-0,7 Bq/ℓ
Sr-90
0,2 Bq/ℓ

1964 wurde in der gesamten Nahrung pro Person aufgenommen
Cs-137:
3200 Bq
Sr-90:
400 Bq
(38)</td>
<td rowspan="2">Abwasser darf keine höhere Konzentration als 2,25 Bq/ℓ an J-131 im Jahresmittel enthalten

Milch mit 500 Bq/ℓ müßte um das 200fache verdünnt werden, ehe man sie in die Kanalisation schüttet
(38)</td>
</tr>
<tr>
<td>*Gemüse* Baden-Württemberg
<table>
<tr><td></td><td colspan="2">3.–6. 5.</td><td colspan="2">26.–28. 5.</td></tr>
<tr><td></td><td>J-131</td><td>Cs-137</td><td>J-131</td><td>Cs-137</td></tr>
<tr><td>Salat bis</td><td>3800</td><td>268</td><td>27</td><td>38</td></tr>
<tr><td>Kirschen 6. 6.</td><td>8</td><td>10</td><td></td><td></td></tr>
<tr><td>Fleisch 20. 5.</td><td>90</td><td>53</td><td></td><td></td></tr>
</table></td>
<td>*Gemüse*
J-131:
250 Bq/kg
Cs-137:
100 Bq/kg</td>
</tr>
</table>

Am 15. 7. waren in Württemberg noch am höchsten belastet mit:

	Johannisbeeren	*Süßwasserfisch*
Cäsium-137	138 Bq/kg	499 Bq/kg
Cäsium-134	81 Bq/kg	257 Bq/kg
Summe	119 Bq/kg	756 Bq/kg

Cäsium-134 tritt in größeren Mengen in Erscheinung. Wegen einer Halbwertszeit von 2 Jahren ist es nicht zu vernachlässigen.

Zum Vergleich:

Polen: Anfang Mai (Jod-131): Frischgemüse 82000 Bq/kg, Gras 105000 Bq/kg am 5. 8.

Heidelbeeren Cäsium-134	Cäsium-137 314 Bq/kg	666 Bq/kg
	Summe	980 Bq/kg

Ungarn: am 18. 7. Johannisbeeren insgesamt 963 Bq/kg 38; 39)

Lebensmittelmeßwerte

Anfang Mai 1986 überwogen die Jod-131-Werte, die in den Zeitungen zu lesen waren. Die genannten Zahlenwerte können im Vergleich miteinander eine Empfindung dafür ergeben, in welcher Größenordnung sich die Belastungen in Württemberg bewegten. In Bayern lagen sie höher, in den nördlicheren Bundesländern niedriger.

Zum Vergleich der Dimension an radioaktiven Strahlern, die ein Kernkraftwerk oder eine Wiederaufarbeitungsanlage genehmigt abgeben darf

Ein modernes Kernkraftwerk (1300 MW) gibt im sogenannten bestimmungsgemäßen Betrieb größenordnungsmäßig mehrere 100 Mio. Bq bis einige Mrd. Bq langlebiger Strahler wie Cäsiumisotope pro Jahr über den Kamin in die Umwelt ab.

Die bei Wackersdorf geplante Wiederaufarbeitungsanlage würde im Normalbetrieb pro Jahr zirka:

15 Mrd. Bq Cäsium 137,
20 Mrd. Bq Strontium 90,
1 Mrd. Bq Alphastrahler wie Plutonium,
7 Mrd. Bq Jod 129 (Halbwertszeit 17 Mio. Jahre),
10^{13} Bq Kohlenstoff 14 (Halbwertszeit 5700 Jahre) (10^{13} bedeutet eine 1 mit 13 Nullen)
10^{15} Bq Tritium (radioaktiver Wasserstoff, Halbwertszeit 12 Jahre) und
10^{16} Bq Krypton 85 (Edelgas, Halbwertszeit 10 Jahre) über einen 200 m hohen Kamin emittieren. (38; 2. Aufl.)

Zu den von der Strahlenschutzkommission des Innenministeriums empfohlenen Richtwerten

Es muß zunächst festgehalten werden, daß es keine Schwelle gibt, unterhalb welcher radioaktive Strahlung unschädlich ist. Inkorporierte radioaktive Stoffe mit langer Halbwertszeit sind durch ihre Wirkung im Organismus besonders gefährlich. In den die Radioaktivität betreffenden Gesetzen, Vorschriften und Empfehlungen, die im Sammelwerk »Deutsche Umweltschutzgesetze« mehrere hundert Seiten einnehmen, ist das genauestens definiert. Da heißt es deshalb auch, es sei »jede unnötige Strahlenexposition oder Kontamination von Personen, Sachgütern oder der Umwelt zu vermeiden«. Sie ist auch »unterhalb der in dieser Verordnung festgesetzten Grenzwerte so gering wie möglich zu halten«. (37; 16. 5. 1986.)

Noch nie sah sich die Strahlenschutzkommission in den zehn Jahren ihres Bestehens vor so einer schwierigen Aufgabe wie zum Zeitpunkt, als die radioaktive Wolke bei uns eingetroffen war. Professor Harder, Göttingen, schilderte, wie schwer es für den Gutachter ist, in dieser Weise Urteile abzugeben: »Oft ging ich schon mit Zittern und Zagen hin, wenn die Kommission tagte.« »Wenn der Wissenschaftler alle verfügbaren Daten ausgewertet und sein Gutachten nach bestem Wissen und Gewissen geliefert hat, dann fragt er sich als Mensch, was mit diesem Gutachten geschehen wird, was es wohl bewirken mag?« (39; 23. 6. 1986.)

Jeder Mensch in dieser Lage ist im Grunde bei weitem überfordert, wenn er sich darüber klar wird, daß er mit derartigen Zahlen in die Gesundheit von Millionen von Menschen eingreift, zumal die Folgen kleiner, lang andauernder Strahlenbelastungen noch so unzureichend erforscht sind.

Wie kam es zur Festlegung bestimmter oberer Grenzwerte? Am Beispiel der Milch wurde die Problematik ganz deutlich. Die Kommission nannte 500 Bq/l, in Hamburg war der Wert 50 Bq/l und in Hessen 20 Bq/l, bezogen auf Jod-131. Die Bevölkerung war sehr verunsichert, weil diese Richtwerte so stark auseinanderklafften.

Einige Sätze aus einem Interview mit Professor Oberhausen, dem Leiter der Kommission, führen uns da weiter. Professor Oberhausen: »Wir haben Richtwerte für den Störfall im eigenen Land. Die hätten wir anwenden können. Dann hätten wir aber ein wichtiges Anliegen des Strahlenschutzes eigentlich nicht befolgt, nämlich das, wo es immer geht, zu optimieren. Es ließ sich schon relativ früh erkennen, daß wir nicht unbedingt die Störfallrichtwerte anwenden mußten (d. h. hohe Werte), sondern daß die Strahlenexposition, die wir unserer Bevölkerung notwendigerweise durch diesen Unfall zumuten mußten, eigentlich kleiner sein konnte.« »Die Planungswerte für den Störfall gehen aus von einer Strahleneinwirkung von 5 rem auf den ganzen Körper und von 15 rem auf die Schilddrüse« (siehe Tabelle S. 49 im Teil I). »Die wissenschaftlichen Kriterien sind die, daß man nachdenkt über die möglichen Spätfolgen, und daß man, wenn es irgendwie geht, diese Spätfolgen so gering wie möglich hält. D. h., wir hatten gewisse Erfahrungswerte über das Jod-131, aus denen wir abschätzen konnten, daß wir bei 3 rem auch bei Kleinkindern sehr auf der sicheren Seite liegen.« (39: 17. 5. 1986.)

(Zur Bezeichnung rem siehe S. 48. Wir kommen darauf später noch zurück.)

Das Wort *abschätzen* ist hier wichtig. Es ist also nicht möglich, einen genauen Zahlenwert auszurechnen, sondern es handelt sich auch hier um eine Ermessensfrage, ein Abschätzen. Es ist weiter diesen Worten zu entnehmen: Befindet sich der Unglücksreaktor in unmittelbarer Nähe, so muß man hohe radioaktive Belastungen der Bevölkerung zumuten, versucht aber durch Ratschläge die Lebensgewohnheiten der Menschen so zu beeinflussen, daß Belastungsspitzen abgeschnitten werden. Ist die Entfernung vom Unfallort groß wie in unserem Fall, ca. 1300 km, kann man niedrigere Werte festlegen, die »machbar« sind, die also nicht zu großen Komplikationen führen. So wurden zu unserem Wohl in der Bundesrepublik große Mengen von Gemüse vernichtet und die Milch kontrolliert. In der nicht minder stark betroffenen DDR gab es keine Einschränkungen. Da vermied man eine Verunsicherung der Bevölkerung – zu deren Schaden.

Nochmals zurück zu den Richtwerten für Milch: Die Strahlenschutzkommission legte als noch zulässigen Höchstwert 500 Bq/l fest. Es ergab sich in Bayern, daß von den knapp tausend bayerischen Milchproben 18 % diesen Richtwert überschritten. Es gab Spitzenwerte von 2650 Bq/l, alles bezogen auf Jod-131. (38.)

In Hessen dagegen legte man als Richtwert nur 20 Bq/l fest. Dieser Wert ergibt sich aus den für Kernkraftwerke noch zugelassenen Emissionswerten von Jod-131. Man kam mit diesen niedrigen Werten durch, weil die Kontaminationswerte des Grases dort viel geringer waren als in Bayern und damit auch weniger Radioaktivität in das Futter der Tiere gelangte. (37: 16. 5. 1986.)

Wir verweilten an diesem Punkt länger, weil in vielen Verlautbarungen ein ganz falsches Bild über diese Grenzwerte entstand, die, wie beschrieben, rein pragmatisch durch abtasten der Situation bestimmt wurden – Ermessensfragen. Es sind keine Gesundheitsschwellenwerte, unterhalb derer keine Gesundheitsschäden zu erwarten wären. Man konnte also auch keine »Entwarnung« in dieser Hinsicht geben oder empfehlen, daß Schwangere oder Kleinkinder Milch oder andere Nahrungsmittel wieder zu sich nehmen dürften.

Denn – es muß nochmals festgehalten werden – selbst kleinste, zusätzliche radioaktive Belastungen können, und sei es auch erst in Jahrzehnten, zu Krebs führen.

Strahlenintensität und gesundheitliche Schädigungen

In Teil I wurde überblickhaft manche wesentliche, dieses Thema betreffende Frage kurz gestreift (Seite 44). Nach der Atomkatastrophe von Tschernobyl erwartet der Leser, daß Genaueres hierzu ausgesagt werde und noch weitere Gesichtspunkte Berücksichtigung finden. Es ist dazu notwendig, auf die Maßeinheit des rem (Seite 48) ausführlicher einzugehen. Sie wird bei den weiteren Besprechungen eine gewisse Rolle spielen, während physikalische Einheiten zur Überleitung nur kurz genannt werden. Es kann nicht Aufgabe dieser Schrift sein, die physikalischen Tatsachen in ihrer Kompliziertheit auch nur bruchstückhaft darzustellen. War doch der Wirrwarr an Fachbegriffen aus der Physik, Strahlenmedizin und Radioökologie in den Tageszeitungen und Vortragsveranstaltungen für den Laien abstoßend – leider, denn es lag großes Interesse vor, etwas tiefer in diese Fragen einzudringen. Es ist aber zugleich ein Kennzeichen dieses Gebietes des Untersinnlichen, daß es sich auch vor dem forschenden Denken zu verbergen trachtet. Die Geschichte der Entdeckungen des radioaktiven Zerfalls weist eindrucksvolle Beispiele dafür auf.

Manche Leser werden sich fragen: Wie kann man überhaupt den Versuch machen, die Schädigung der Gesundheit des Menschen in Zahlen auszudrücken? Ganz mit Recht! Es ist eine traurige Tatsache unserer Zeit, daß die Umwelt, die noch vor 60 Jahren kaum von schädigenden Stoffen durchsetzt war, nun in dieser Hinsicht kritischen Untersuchungen unterworfen werden muß.

Wenn bei Nebel in industriellen Ballungsräumen der Schwefeldioxydgehalt, der sich nicht allzuschwer vollautomatisch messen läßt, zu hoch wird, wird Smogalarm ausgelöst. Jeder merkt, daß es notwendig ist, zu messen und bei zu hohen Konzentrationen Industrie- und Autoabgase einzuschränken.

In diesem Sinne sucht man auch auf dem Gebiet der radioaktiven Strahlungen vorzugehen. Wie wir sahen, sind dort die physikalisch-chemischen Verhältnisse unglaublich kompliziert. Vier verschiedene Arten von Strahlen, verteilt auf wenigstens 15 physikalisch und chemisch unterschiedliche Elemente! Man kann von vornherein sagen, daß der Versuch, eine solche Zahlenbeziehung herzustellen, nur sehr ungenau ausfallen kann (siehe Seite 47).

Es ist dies sehr wichtig festzustellen, denn wir sind von geläufigen physikalischen Größen gewohnt, genaue Angaben zu erwarten, so bei Temperaturmessungen, elektrischen Größen usw. Das ist beim Atomzerfall ganz anders. Zahlen sind da kritischer unter die Lupe zu nehmen als auf anderen Gebieten der Physik oder der Technik.

Vom Becquerel zum rem

Aus den bisherigen Ausführungen geht hervor, daß sich meßtechnisch am einfachsten die Aktivität, d. h. die Zahl der radioaktiven Zerfälle in der Sekunde, bestimmen läßt (Becquerel; Bq). Die Wirkung der Strahlung ist jedoch von der Energie abhängig, die sie beinhaltet. Auch diese läßt sich durch physikalische Messungen ermitteln. Die Maßeinheit für die Strahlungsenergie wird rad (radiation absorbed dose) genannt*.

Verglichen mit anderen Energiearten, z. B. der Wärmeenergie, ist sie außerordentlich gering. Eine akute Ganzkörperbestrahlung mit 800 rad ist für den Menschen tödlich. Die gleiche Energiemenge in Form von Wärme (120–140 cal) reicht gerade aus, einen Kaffeelöffel Wasser um 5–10 Grad zu erwärmen, den bestrahlten Leib nur um 0,002 Grad. (3)

Die biologische Wirkung der Strahlung wird im Tierexperiment erforscht und auf die Verhältnisse beim Menschen übertragen oder sie stammt aus medizinischen Erfahrungen beim Menschen selbst**.

Physikalische Strahlungsenergie	wird zugeordnet der	biologischen Schädigung
1 rad		1 rem

Es gilt das für Beta- und Gamma-Strahlung. Nun geben Uran-235 und Plutonium-239 – letzteres war in dem Fallout von Tschernobyl enthalten – Alpha-Strahlung und Neutronen ab. Diese schädigen stärker als Beta- und Gamma-Strahlung. Es wird das durch einen Qualitätsfaktor berücksichtigt, so daß in diesem Fall nicht ein rad einem rem entspricht, sondern 1 rad einen biologischen Schaden von 3–10 rem oder sogar 20 rem anrichtet (siehe Tabelle Seite 46).

Schließlich gelangt man für bekannte radioaktive Elemente, deren Aktivität in Bq gemessen wurde, durch Multiplikation mit entspre-

* Die Energiemenge einer Strahlung ist maßgebend für ihre physikalische Wirkung. Die Energiedosis ist die Strahlenenergie, die in einem Kilogramm Materie absorbiert wird. Die Einheit ist neuerdings das *Gray*. Diese Bezeichnung hat sich aber noch nicht eingeführt. Wir benutzten die durchweg noch gebräuchliche Größe *rad* (radiation absorbed dose). 1 Gray = 100 rad. Mit Meßinstrumenten läßt sich die Energiedosis direkt bestimmen. Sie ist maßgebend für die biologische Wirkung.

** Über die biologische Wirkung ist einiges schon auf den Seiten 44 und 45 gesagt worden. Sie wird mit Hilfe von Qualitätsfaktoren (S. 46) aus der Dosis berechnet. Für die Einheit ist die Bezeichnung rem (radiation equivalent man) allgemein noch gebräuchlich. Neu eingeführt ist die Einheit *Sievert*. 100 rem = 1 Sievert. Wenn der Qualitätsfaktor 1 ist, ist 1 rad = 1 rem; 1 Gray = 1 Sievert; ferner ist 1 rem = 1000 mrem (millirem).

chenden Dosisfaktoren, über deren genaue Größe unter Wissenschaftlern noch keine einheitliche Meinung besteht, direkt zum rem*.

Kurzzeitige hohe Strahlendosen in rem

In größerem Umfang wurden die Wirkungen kurzzeitiger hoher radioaktiver Strahlungen nach den Atombombenabwürfen in Hiroshima und Nagasaki untersucht. Aus der Entfernung vom Explosionszentrum konnte man durch Vergleich mit den Ergebnissen von Bombentests auf die Höhe der Strahlenbelastung (rad) der Erkrankten schließen. Menschen in der näheren Umgebung des Atomreaktors bei Tschernobyl waren vergleichbaren Strahlungen ausgesetzt, die im wesentlichen von außen auf den Organismus wirkten.

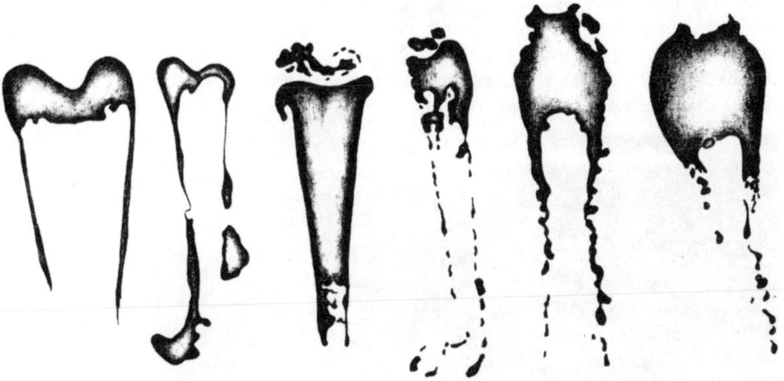

Abb. 4: Verteilungsmuster verschiedener inkorporierter Radionuklide in Knochen und Knochenmark. Radium und Strontium gehen in die knöcherne Substanz, Plutonium wird sowohl im Knochen als auch im Knochenmark gefunden. Yltrium-90 ist ein Zerfallsprodukt von Strontium-90 und wandert bis in die Keimdrüsen.

* Es überschreitet den Rahmen dieser Schrift, wenn auf diese an sich einfache Umrechnung genauer eingegangen würde, zumal Tabellen dazu erforderlich sind, die die Dosisfaktoren enthalten. Im IFEU-Bericht Nr. 43, 3. Auflage, des Instituts für Energie- und Umweltforschung, 6900 Heidelberg, Im Sand 5, ist Genaueres darüber nachzulesen.

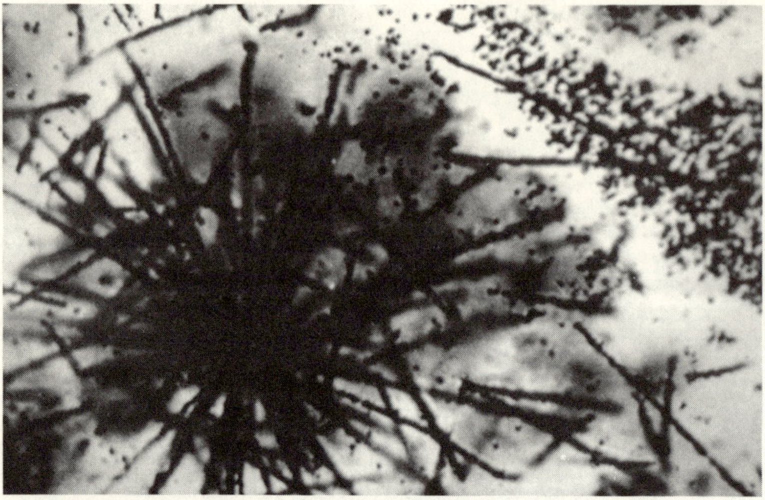

Abb. 5: Ablagerung eines sogenannten »heißen Teilchens«, eines α-Strahlers (Thorium X), im Gewebe der Leber. Man erkennt die von der Substanz im Zentrum ausgehenden α-Bahnspuren. Hier ist die Zellsubstanz zerstört. Die Übergangszone zum umliegenden Gewebe ist die für die Krebsbildung kritische Zone. (Plutonium-239 ist z.B. ein α-Strahler). Diese mikroautoradiographische Darstellung des radioaktiven Partikels wird auch als α-Stern bezeichnet.

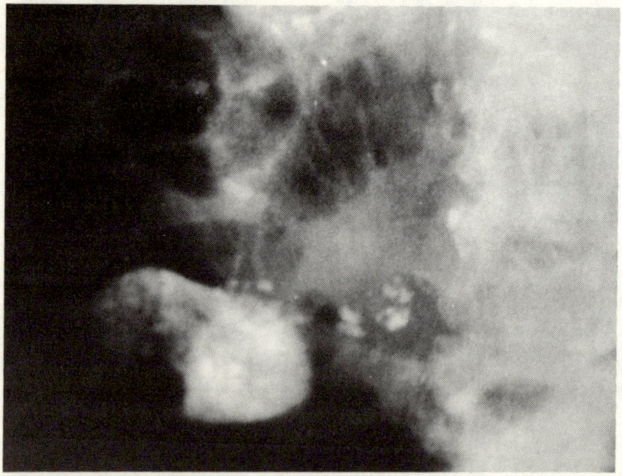

Abb. 6: Röntgenologischer Nachweis von Thoriumoxid bei einem Thorotrast-Patienten. Das angewendete Kolloid mit radioaktivem Thorium wird vornehmlich im Milzgewebe links unten abgelagert.

Aufschlußreich hierzu ist, was die Ärzte *Gale* (Amerikaner) und *Worobjow* (Russe) knapp drei Wochen nach dem Unglück von Tschernobyl berichteten.

Bei einem nuklearen Unfall größeren Ausmaßes versage jede Lehrbuchweisheit. Man bewege sich in jedem Einzelfall auf Neuland. Man könne nur nach intensiver Beobachtung jedes einzelnen Patienten feststellen, wie hoch seine Strahlenbelastung ungefähr war und welche Körperteile oder Organe betroffen sind. Die Patienten könnten ihre Position gegenüber der Strahlenquelle nachträglich nicht genau angeben.

»Ein Auge könne durch die Strahlung unheilbar geschädigt sein, das andere aber heilgeblieben sein« (Worobjow). »Es sind radioaktive Gase freigesetzt worden, von denen einige ganz kurzlebig seien und manche in Sekundenbruchteilen zerfielen; würden sie eingeatmet, so habe man es mit einer schwer nachweisbaren inneren Strahlung zu tun. Diese neuen Erfahrungen müßten so schnell wie möglich der internationalen Fachwelt zugänglich gemacht werden« (Gale).

Es müßten größere Vorräte an Blut und Knochenmarkzellen angelegt werden. »Das Unglück von Tschernobyl sei eine Demonstration der bescheidenen Mittel, mit denen man auf nukleare Unglücksfälle reagieren könne. Wenn für 300 Erkrankte schon ein solcher internationaler Aufwand nötig sei, falle die Lektion für die Eventualität eines Atomkrieges wohl eindeutig aus.«

Die Anzahl von 300 Strahlengeschädigten werde sich noch erhöhen, ebenso die Zahl der 35 nach dem Unfall Schwerkranken. So berichtet knapp drei Wochen nach der Strahlenexposition. (39: 16. 5.1986.) Zweieinhalb Monate nach dem Unfall waren nach einer amtlichen Mitteilung aus Rußland 26 Menschen an Strahlenkrankheit gestorben.

Der beigefügten Tabelle ist zu entnehmen, daß die Anfangssymptome Erbrechen und Übelkeit einen gewissen Aufschluß über die zu erwartende Schwere der Erkrankung erlauben. Genaueres über die Symptome der Strahlenkrankheit folgt im Teil III (siehe auch die Tabelle auf der folgenden Seite).

Symptome der Strahlenkrankheiten mit rem-Angaben bei kurzzeitiger Strahlenexposition

Anfangssymptome		Todesfälle	rem
nach einigen Minuten Schwindelgefühl, Erbrechen, Durchfall, Fieber	nach wenigen Stunden:	100 %	über 1000
Erbrechen, Übelkeit bis 4 Stunden bei allen Betroffenen	nach 14 Tagen nahezu: Lebenschance bei perfekter Spezialbehandlung gering	100 %	1000 bis 550
Erbrechen, Übelkeit am 1. Tag	Schwere Krankheit beginnt nach 10 Tagen	50 % innerhalb eines Monats	500 bis 400
Erbrechen, Übelkeit 1 Tag bei 25 % der Betroffenen	Krankheitssymptome nach 20 Tagen	20 % 5 bis 10 %	300 200
Erbrechen, Übelkeit 1 Tag bei 25 % der Betroffenen		keine akuten Todesfälle	170 bis 130
Bei 5 bis 10 % der Exponierten 1 Tag lang Erbrechen, Übelkeit, Müdigkeit		keine	120 bis 80
Keine Wirkungen nachweisbar	geringfügige Blutbildveränderungen	keine	50 bis 0

(38, 3. Aufl.; 36: 5. 5. 1986)

Zu der Tabelle ist zu bemerken, daß die Folgen der Strahlenkrankheit bei hohen *kurzzeitigen* Strahlendosen gut bekannt sind. Je niedriger diese Dosen sind, um so weniger weiß man über die gesundheitlichen Folgen. In dem untersten Bereich der rem-Skala weit unter 50 rem liegen die Belastungen, denen wir seit der Katastrophe von Tschernobyl ausgesetzt sind. Diese Wirkungen sind aber *nicht kurzzeitig*, sondern *dauern über viele Jahre oder Jahrzehnte*. Durch die Nahrungskette werden radioaktive Stoffe aufgenommen, die nun vom *Inneren* des Organismus aus ihre Strahlungen als *Langzeitwirkung* abgeben. Das ist physikalisch und biologisch gesehen eine völlig andere Sachlage. Es würde das Verständnis erleichtern, wäre auch vertretbar, hier eine andere Bezeichnung als rem zu verwenden. Es ist wichtig, im Bewußtsein zu haben, daß es sich im Grunde genommen um eine andere Skala handelt: Langzeitwirkung von den Menschen ständig begleitender Niedrigstrahlung.

Dauerbelastung durch Niedrigstrahlung ausgedrückt in millirem ergibt keine einfach zu überblickenden Verhältnisse!

In der Bundesrepublik haben wir es – wie schon beschrieben – hinfort mit einer Dauerbelastung durch Radionuklide hoher Halbwertszeit (s. Skizze S. 84) aus Tschernobyl zu tun. Sie ist etwa genausohoch wie sämtliche oberirdischen Kernwaffenversuche bis 1963 ergeben haben, nämlich ca. 10 % der natürlichen Radioaktivität. (37: 16. 5. 1986.)

Der Atombomben-Fallout in unseren Breiten betrug damals ca. 5000 Bq/m^2 Cäsium-137 und 3000 Bq/m^2 Strontium-90 (38). Die Belastungen addieren sich. Ähnlich addiert sich die Wirkung aller radioaktiven Stoffe, die weltweit – von den Behörden genehmigt – von Kernkraftwerken, Wiederaufbereitungsanlagen usw. aus dem Schornstein unsichtbar in die Luft gelangen, aber auch ins Wasser abgegeben werden. Störfälle können zu einem Vielfachen der normalen Menge führen.

Die Intensität dieser Strahlung ist zwar gering, aber sie belastet den Menschen über Jahrzehnte. Ein Vergleich hierzu: Wenn ein

Gebirgsbach durch Regengüsse stark anschwillt, kann er durch seine Energie großen Schaden anrichten. Ein Wassertropfen hat beim Herunterfallen von 2 Meter Höhe nur eine geringe Energie, aber er wirkt über große Zeiträume. Steter Tropfen höhlt den Stein.

Dauernd einwirkende Niedrigstrahlung führt erst nach Jahren oder Jahrzehnten zu gesundheitlichen Schäden, Leukämie oder Krebs.

Dieses Gebiet der Niedrigstrahlung ist noch wenig erforscht; müssen doch dazu große Bevölkerungsgruppen statistisch über Jahrzehnte hinsichtlich ihrer Gesundheit beobachtet werden – ein schwieriges Unterfangen! Darum die Uneinigkeit unter den Wissenschaftlern, welche radioaktive Dauerbelastung man als unschädlich bezeichnen kann, obwohl sie das in Realität ohnehin nicht ist.

Strittig ist jedoch nicht, daß *grundsätzlich jede radioaktive Strahlung gesundheitsschädlich ist, und daß sich in gewisser Weise eine Addition dieser Wirkungen über das Leben hin ergibt.* Nicht ohne Grund sucht man die Strahlendosen bei Röntgenaufnahmen durch technische Mittel zu verringern.

Keine atomare Anlage läßt sich betreiben, ohne daß Radioaktivität in die Umwelt gelangt. Jede Verringerung der zugelassenen Mengen verursacht gewaltige Mehrkosten. Noch nie in der Geschichte der Menschheit war die Frage der Energiekosten so eng mit der Gesundheit des Menschen gekoppelt!

Um den Leser über die Größenordnung der in der Presse immer wieder genannten millirem-Werte zu informieren, folgt zunächst eine Tabelle der natürlichen Radioaktivität, mit der häufig die künstliche Belastung verglichen wird. Daß ein solcher Vergleich nicht ohne weiteres berechtigt ist, geht allein schon daraus hervor, daß ganz andere Elemente bei der künstlichen Radioaktivität beteiligt sind.

Einige von ihnen konzentrieren sich auf chemischem Weg in einzelnen Organen (z. B. Jod-131 in der Schilddrüse, Strontium-90 und Plutonium-239 im Knochen), was bei der natürlichen Radioaktivität kaum der Fall ist.

Natürliche Radioaktivität

	mrem/Jahr
Kosmische Strahlung in Meereshöhe	ca. 30
Terrestrische Strahlung von außen	ca. 50
Inkorporation natürlicher Radionuklide	ca. 30
Gesamtbelastung	ca. 110

(Bundesminister des Inneren Jahresbericht 1983
Umweltradioaktivität und Strahlenbelastung)

Die wesentlichsten durch Inkorporation in den Organismus gelangenden radioaktiven Elemente sind vor allem Kalium-40 (β und γ-Strahler), das den größten Anteil ausmacht, sowie Kohlenstoff-14 (β-Strahler) und das Gas Radon (α-Strahler).

Was die Strahlenschutzverordnung (BRD) in der Umgebung von kerntechnischen Anlagen höchstens zuläßt, ist in der folgenden Tabelle wiedergegeben. Hierbei handelt es sich um zusätzliche künstliche radioaktive Belastung:

Grenzwerte laut Strahlenschutzverordnung (BRD)

Organ	Grenzwert in mrem/Jahr
Ganzkörper	30
Keimdrüsen	30
Knochen	180
Haut	180
alle anderen Organe	90

(38)

Umrechnung von der Aktivität in Becquerel in die biologische »Äquivalentdosis« in millirem

Das Ergebnis dieser Umrechnung wurde in der Presse vereinzelt mit den Becquerel-Werten zusammen genannt. Voraussetzung für eine solche Umrechnung ist, daß die beteiligten Radionuklide bekannt sind, ihre Aktivität in Bq/m^3, Bq/kg bzw. in Bq/m^2 gemessen wurde und die vom Menschen mit der Luft oder Nahrung aufgenommenen Mengen geschätzt werden.

Eine weitere Grundlage für solche Umrechnungen sind sogenannte Dosisfaktoren. In der Wissenschaft wird über ihre Höhe eine heftige, kontroverse Diskussion geführt. Der Grund dafür ist, daß es ganz von der gesundheitlichen Disposition des von der Strahlung betroffenen Menschen abhängt, wie stark er geschädigt wird. Ein kränklicher, schwächlicher Mensch kann von der gleichen Strahlenenergie schwerer betroffen sein als ein kerngesunder. Es kann das in einem einheitlichen Dosisfaktor gar nicht zum Ausdruck kommen.

Um hier ein einheitliches Vorgehen anzuregen, empfahl 1979 das Bundesministerium des Inneren (BMI) bestimmte Dosisfaktoren im Zusammenhang mit einer allgemeinen Berechnungsgrundlage. Wenige Beispiele von Ergebnissen dieser Umrechnung sollen einen Aufschluß über die Größenordnung der millirem-Werte geben (siehe auch Fußnote** Seite 96).

Beispiele von Becquerel-Werten durch millirem ausgedrückt

Die *Inhalation* von Jod-131 bei 166 Bq/m^3 Luft in Darmstadt (1. 5. 1986) ergab 11,5 mrem/Stunde.

Ingestion

Ein Kleinkind nimmt täglich 0,82 l Milch, die nach den Empfehlungen der Strahlenschutzkommisssion unschädlich war (500 Bq/l), eine Woche lang zu sich. Die Schilddrüsenbelastung beträgt dann 1200 mrem. 20 Bq/l, wie in Hessen als Grenzwert genannt, würden 50 mrem ergeben. In der Strahlenschutzverordnung sind nur 90 mrem/Jahr bei Normalbetrieb von Kernkraftwerken als Schilddrüsenbelastung mit Jod-131 zugelassen.

Bodenstrahlung

In Neuherberg bei München, Anfang Mai 1986, betrug die Bodenkontamination für Jod 131: 80 000 Bq/m², für Cäsium-137: 24 000 Bq/m², für Cäsium-134: 8600 Bq/m², Rubidium-103 und 106: 47 000 Bq/m² und Barium-140: 12 000 Bq/m².

Zusammen ergibt das 0,64 mrem/Tag. Berücksichtigt man den radioaktiven Zerfall, das Einwandern der Nuklide in den Boden usw., so ergeben sich 6 bis 18 mrem/Jahr. (38: 3. Auflage.)

Summierte Folgen des Unglücks von Tschernobyl für die Bundesrepublik in millirem

Unter Zugrundelegung eines Standardverbrauchs (von z. B. 10 kg Fleisch von Weidetieren, 30 kg Milch und Milchprodukten und 5 kg Blattgemüse im Vierteljahr) berechneten und schätzten einige Institutionen die ungefähre Belastung in der ersten Zeit nach dem Unglück.

Strahlenschutzkommission in Bonn für die ersten *3 Monate* nach dem Unfall für Cäsium-137 und Cäsium-134	*mrem* 60
Gesellschaft für Reaktorsicherheit (GRS) Köln für *1 Jahr* für das am meisten betroffene Gebiet um München	20 bis 30 Kinder das Doppelte
Gesellschaft für Strahlen- und Umweltforschung für das *1. Jahr* nach dem Unfall (39: 2. 8. 1986)	60 Kinder 90
aus anderer Quelle zum Vergleich (39: 3. 5. 1986) Oberirdische Atombombenversuche für 1961 Oberirdische Atombombenversuche für 1963	 6 20
Bundesforschungsministerium Bonn für die durch den Unfall verursachte *effektive* zusätzliche Strahlenbelastung für die *nächsten 50 Jahre* (39: 10. 6. 1986)	*mrem* *effektiv* 150 bis 200

Die Zahlenangaben differieren erheblich, worin die ganze Fragwürdigkeit des Versuches, gesundheitliche Belastungen in dieser Weise zu kennzeichnen, zum Ausdruck kommt.

Es sei hier auf die Angaben der letzten Rubrik (Bundesforschungsministerium) noch genauer eingegangen. Da heißt es »*effektive* zusätzliche Strahlenbelastung«, und die für 50 Jahre angegebenen Werte in millirem *effektiv* erscheinen sehr niedrig. Sie sind zusammen mit den effektiven Dosiswerten der natürlichen Strahlenbelastung in einer Pressenotiz genannt. (39: 10. 6. 1986.)

Hier horcht man auf, denn die Dosiswerte für die durch künstliche radioaktive Stoffe bedingte Belastung erscheinen mit niedrigeren Zahlenwerten, die natürliche Strahlenbelastung dagegen mit höheren als den gewohnten Werten. Wenn man dieser Frage nachgeht, stößt man darauf, daß ein neues Berechnungsverfahren im Kommen ist, bei dem die Bewertung der gesundheitlichen Schädlichkeit der künstlichen Radionuklide zahlenmäßig erheblich verringert erscheint, die der natürlichen Radioaktivität dagegen verdoppelt! Hierzu folgende genauere Angaben:

Das effektive Dosismodell

Dieses neue Modell zur Berechnung von Dosisfaktoren hat die internationale Strahlenschutzkommission 1977 entwickelt. Es soll dabei berücksichtigt werden, wieviel Karzinome bei der Bestrahlung eines Organs auftreten und wieviel Prozent dieser Tumore zum Tod führen. Jedenfalls werden die auf bisherige Weise ermittelten Organdosen mit Wichtungsfaktoren multipliziert, die zwischen 0,3 und 0,03 liegen.

Organ	Wichtungsfaktor
Keimdrüsen	0,25
Brust	0,15
Knochenmark	0,12
Lunge	0,12
Schilddrüse	0,03
Knochen	0,03
übrige Organe	0,30

(38, 3. Auflage)

Eine durch Jod-131 hervorgerufene Strahlendosis der Schilddrüse reduziert sich (wir knüpfen an unsere Beispiel von Seite 104 an) von 210 mrem/l auf den neuen Wert 210 mal 0,03 = 6,3 mrem effektiv. Die vom Körper absorbierte Energie aus der Strahlung und damit der krankmachende Effekt bleibt aber gleich.

Kurz zusammengefaßt:

	bisherige Art der Berechnung	Berechnung nach dem »effektiven Dosismodell«
natürliche Radioaktivität	110 mrem pro Jahr	150 bis 400 mrem effektiv pro Jahr 220 mrem effektiv als Durchschnittswert
unser Beispiel 500 Bq/l Jod-131 in Milch (Schilddrüse)	210 mrem	6,3 mrem effektiv

Der durch bei weitem zu optimistische Prognosen hinsichtlich der Sicherheit von Kernkraftwerken mißtrauisch gewordene Bürger blickt auf das ihn sonderbar berührende wissenschaftliche Ergebnis: Gegenüber der bisherigen Wertung erscheint die künstliche Radioaktivität verglichen mit der natürlichen in ihrer Schädlichkeit um den Faktor 0,15 bis 0,015 verringert!

Das Modell der effektiven Dosis soll nach Absicht der deutschen Strahlenschutzkommission in Zukunft den Berechnungen der Strahlenbelastung zugrunde gelegt werden. Zu diesem Zweck wird seit 1984 die Änderung der Strahlenschutzverordnung geplant.

Der Gesetzgeber könnte dann die Mengen an Radionukliden, die aus kerntechnischen Anlagen entweichen, höher festlegen. Diese Erkenntnis ist alarmierend!

*

Wir haben einen ziemlich umfangreichen »Streifzug durch die Maßeinheiten« unternommen, weil auf diesem Gebiet einschneidende Entscheidungen fallen können. Der Leser sollte Beurteilungsgrundlagen dafür erhalten.

Noch immer werden Gesundheitsfragen auf dem Gebiet der Radioaktivität fast ausschließlich an Hand von Zahlen besprochen und der Bevölkerung in dieser Form in Kurzfassung mitgeteilt. In Anbetracht der Kompliziertheit der Materie ist das völlig inadäquat. Dagegen traten ärztliche Gesichtspunkte bisher nur wenig in der Presse in Erscheinung. Sie sollen in Teil III dieses Buches den gebührenden Raum erhalten.

III

RENATE THOMAS

Medizinische Gesichtspunkte zur Wirkung radioaktiver Stoffe auf den Menschen

Erfahrungen mit ionisierenden Strahlen in der Medizin

Am Ende des 19. Jahrhunderts kam es zu zwei epochemachenden Entdeckungen im Gebiet der Physik und Chemie. Beide gaben Anlaß zu einer Anwendung in der Medizin.

1895 entdeckte *Wilhelm Conrad Röntgen* die später nach ihm benannten Strahlen, die er X-Strahlen nannte. Die Durchdringung von für das menschliche Auge undurchsichtigen Stoffen durch diese Strahlen wurde an der menschlichen Hand erstmals festgestellt. Die Knochen ließen sich auf dem auf einer photographischen Platte aufgefangenen Bild deutlich erkennen. Die Verwendungsmöglichkeit der Röntgenstrahlen in der Medizin lag auf der Hand.

Auch für die Strahlen, die 1896 durch *Henri Becquerel* an dem Uranerz Pechblende entdeckt wurden, war der Weg zur Anwendung in der Medizin kurz. Die gewebezerstörende Kraft wurde z. B. von Marie und Pierre Curie und Henri Becquerel bei der Isolierung und Untersuchung des natürlichen radioaktiven Stoffes Radium bereits um die Jahrhundertwende entdeckt[41]. Nach Selbstbeobachtungen an der Haut durch die Forscher und nach damals schon durchgeführten Tierversuchen begann man Radium schon in den ersten Jahren unseres Jahrhunderts in der Behandlung unheilbar krebskranker Menschen einzusetzen. In wenigen Jahrzehnten lernte man dann, die neu entdeckten Kräfte immer gezielter in Diagnostik und Therapie für den leidenden Menschen zu nützen.

Mit der Entwicklung segensreicher medizinischer Methoden war aber von Anfang an die Beobachtung großer Gefahren verbunden.

Menschen, die die Anwendung der Strahlen betätigten und dabei die heute bekannten Schutzmaßnahmen entweder noch nicht kannten oder sie nicht genügend gewissenhaft verwendeten, erkrankten an Hautkrebs oder schweren Knochenmarksschädigungen wie Anämie (Mangel an roten Blutkörperchen) und Leukämie (krebsartige Entartung der weißen Blutzellen).

Bald konnten Ärzte auch an Patienten negative Auswirkungen der Strahlen beobachten. So wurden z. B. in England im Beginn der Behandlung mit Röntgenstrahlen an Kranken mit einer schweren fortschreitenden, zu Deformierung und Versteifung führenden Entzündung an der Wirbelsäule lokale Bestrahlungen mit Röntgenstrahlen vorgenommen. Die momentane schmerzstillende Wirkung und die Beseitigung der Entzündungserscheinungen begeisterte die Behandler. Die vom Schmerz befreiten Menschen waren glücklich. Welche Enttäuschung mußten sie erleben, als etwa 20 Jahre später bei zahlreichen als geheilt angesehenen Menschen eine Leukämie auftrat! Da lernte man aus schmerzhafter Erfahrung, daß man mit diesen Strahlen nicht nur momentan eine krankhafte Veränderung beseitigen, sondern eine viel schlimmere erzeugen kann. Die auf die Wirbelsäule verabreichten Strahlen hatten eine Veränderung in dem blutzellbildenden Knochenmark bewirkt. Die Knochenmarkszellen bildeten keine normalen weißen Blutkörperchen mehr, sondern eine Unzahl untauglicher Zellen. Eine krebsartige Erkrankung des Blutes war entstanden. Eine spätere Auswertung der Nachbeobachtung hat sogar ergeben, daß wesentlich später aufgetretene Krebserkrankungen die Zahl der Leukämiefälle übertraf[42].

Auch radioaktive Isotope fanden bald zu verschiedenen diagnostischen und therapeutischen Maßnahmen am Menschen Verwendung. Dabei ergaben sich zunächst segenverheißende Wirkungen, die nach später gemachten Beobachtungen von erheblichen Schäden wieder eingeschränkt wurden. Zum Teil mußte man radioaktive Stoffe wieder aus dem medizinischen Anwendungsbereich eliminieren.

Ein besonders eindrucksvolles Beispiel war das Thorium-X, das in den dreißiger Jahren und noch im Zweiten Weltkrieg als Röntgenkontrastmittel »Thorotrast« verwendet wurde. Solche Kontrastmittel hat man vielfältig zur Ergänzung in der Röntgendiagnostik angewendet. Organen oder Organteilen, die sich nicht durch ihre eigene Dichte von benachbarten Geweben deutlich unterscheiden und sich deshalb im Röntgenbild nicht abgrenzen lassen, kann man durch Füllung mit weniger strahlendurchlässigen Stoffen einen Kontrast geben. Noch heute verwendet man zur Markierung von Blutgefäßen oder Hohlräumen an Organen (z. B. Gallengängen oder ableitenden Harnwegen) solche Kontrastmittel, die allerdings keine radioaktiven Substanzen mehr enthalten. Das genannte Thorium-X aber war radioaktiv. Das in die Blutbahn injizierte Mittel bewirkte unmittelbar nach der Einspritzung bei der Anfertigung von Röntgenaufnahmen eine Abbildung der Blutgefäße, weil das Thorium-X die Röntgenstrahlen weniger leicht durchließ als das nicht markierte umgebende Gewebe. Aber das Thorium-X verließ den Körper nach der Untersuchung nur zu einem kleinen Teil. Eine große Menge dieser Substanz wurde in verschiedenen Organen gespeichert, z. B. in Leber und Milz und im Gewebe der Keimdrüsen. Die Folge war eine bald auftretende Unfruchtbarkeit und eine zum Teil erst nach vielen Jahren auftretende Krebserkrankung solcher Speicherorgane.

Die Verfasserin hat um 1965 einen Patienten behandelt, der wegen eines schweren Leberleidens in die Klinik kam. Dieser Mann hatte im Zweiten Weltkrieg durch eine Verwundung an einem Oberschenkel eine abnorme Verbindung zwischen einer Schlagader und einer Vene entwickelt. Diese den Blutkreislauf stark belastende Veränderung war durch eine Röntgenuntersuchung unter Verwendung von Thorium-X diagnostiziert und dann mit Erfolg operativ beseitigt worden. Gut 20 Jahre später starb der Patient an einem ausgedehnten Leberkrebs. Zum Zeitpunkt seines Todes konnte immer noch radioaktives Thorium in seiner Leber und Milz nachgewiesen werden.

Natürlich haben derartige Beobachtungen die Mediziner veranlaßt, nach Wegen zu suchen, die es erlauben, die segensreichen Wirkungen der ionisierenden Strahlen so weit wie möglich auszuschöpfen und gleichzeitig die schädigenden Wirkungen so gering wie möglich zu halten. Durch gründliche Beobachtung und statistische Erfassung und Auswertung derselben einerseits und durch ständige Verbesserung der technischen Voraussetzungen andererseits sind die Anwendungsmöglichkeiten in der Medizin immer gezielter und dadurch weniger schädigend geworden. Für Patienten und beruflich den Strahlen ausgesetzte Menschen wurde ein sehr weitgehender Strahlenschutz technisch ermöglicht und auch gesetzlich verankert.

Trotz aller verantwortlichen und vorsichtigen Handhabung auf diesem Gebiet muß aber betont werden, daß es eine vollkommen schadlose Anwendung ionisierender Strahlen nicht gibt. Auch mit der kleinsten Dosis werden immer Zellen des lebenden Organismus in ihrem Stoffwechsel gestört oder gar zerstört. Das zu untersuchende oder zu bestrahlende Organ kann ja nicht vor den Strahlen abgeschirmt werden. Der verantwortliche Untersucher oder Behandler kann nur bestrebt sein, die Strahlenmenge so klein wie möglich zu halten. Er wird die Anwendung ionisierender Strahlen bei Vorliegen einer besonders starken Strahlenempfindlichkeit, z. B. während einer Schwangerschaft oder an jungen Kindern zu vermeiden suchen.

Steigerung der Strahlengefährdung durch Auswirkungen der künstlichen Kernspaltung

Die Gefahr einer Strahlenschädigung ist seit den Kernwaffenversuchen und der Inbetriebnahme von Kernkraftwerken zur Energiegewinnung erheblich größer geworden. Sie betrifft nicht mehr nur wie bei der medizinischen Strahlenanwendung einzelne Menschen. Sie ist vielmehr weltweit verbreitet. Alle Menschen und die ganze lebendige Natur der Erde sind gefährdet. Im folgenden sollen die Gründe für die zunehmende Gefährdung erläutert werden.

Die von radioaktiven Stoffen ausgehenden Wirkungen können nicht unmittelbar mit menschlichen Sinnesorganen wahrgenommen werden. Sie werden nur festgestellt, wenn geeignete physikalische und chemische Meßmethoden angewendet werden. Diese Methoden müßten zur wirklichkeitsgemäßen Erfassung der Strahlenbelastung zeitlich und örtlich lückenlos eingesetzt werden. Mit gelegentlichen oder stichprobenartigen Messungen werden die Gefahren, gerade wegen der Unmöglichkeit direkter Sinneswahrnehmung, nicht voll erfaßt. Da eine lückenlose Überwachung z. B. der Nahrungskette fehlt, können sich sicher Schädigungen unkontrolliert auswirken.

Die radioaktiven Stoffe und die von ihnen ausgehenden Strahlen dringen nach Eintritt in Luft, Wasser und Boden in die Organismen ein. Sie werden mit der Luft eingeatmet und mit der Nahrung inkorporiert. Da immer mehr radioaktive Isotope in der sogenannten Nahrungskette – Pflanze, Tier, Mensch – auftauchen, kommt es zu einer steigenden Belastung.

Die bei der künstlichen Kernspaltung entstehenden radioaktiven Stoffe sind in der Natur zum Teil gar nicht oder nur in winzigen Mengen enthalten. Die lebendigen Organismen kommen normalerweise also nicht mit ihnen in Berührung. Diese Stoffe haben, wenn sie in lebende Organismen eindringen (Aufnahme über Luft, Wasser und Erdboden) eine verheerende, zerstörerische Wirkung. Die Organismen verwechseln diese Stoffe, wie auch einige der natürlichen radioaktiven Stoffe, mit chemisch ähnlich wirkenden nichtradioaktiven Stoffen und bauen sie statt dieser in die Gewebe ein. Beispiel: Strontium-90, das mit nichtradioaktivem Calcium verwechselt und statt dessen in den Knochen aufgenommen wird.

Eine einmalig eintretende, niedrig dosierte Bestrahlung kann harmlos sein. Viele über längere Zeiträume sich wiederholende Bestrahlungen sind dagegen nicht als harmlos zu bezeichnen. Weltweit ist mit der Summation der Strahlenwirkung aus folgenden Bereichen zu rechnen:

1. aus der natürlichen radioaktiven Strahlung kosmischen und irdischen Ursprungs. Sie wird in den Angaben des Bundesministers des Innern von 1983 auf durchschnittlich 110 mrem/Jahr geschätzt[43]. Weish und Gruber zeigen, daß sie, abhängig von der geologischen Beschaffenheit des Untergrundes und der Höhe des Aufenthaltsortes über dem Meeresspiegel, in der Regel zwischen 73 und 210 mrem/Jahr schwanken kann[44]. Daß die natürliche Radioaktivität auf alle Fälle in die Gesamtbelastung einzubeziehen und nicht zu vernachlässigen ist, zeigen Beobachtungen aus Erdgebieten, in

denen die Belastung um ein Mehrfaches höher liegt, weil der Untergrund mehr radioaktive Stoffe enthält als anderswo. In diesen Gebieten (z. B. Kerala, Indien) wurde in der Bevölkerung eine signifikant höhere Fallzahl an angeborenem Schwachsinn und eine deutliche Erhöhung der Säuglingssterblichkeit festgestellt. Auch die Krebsrate ist höher. Man rechnet überhaupt damit, daß auch bei geringerer natürlicher Strahlung ein Teil der spontan auftretenden Krebs- und Leukämiefälle auf die natürliche Radioaktivität zurückgeführt werden kann;

2. aus der medizinischen Strahlenbelastung durch Röntgenstrahlen und radioaktive Isotope;

3. aus der Strahlung von Isotopen, die von oberirdischen Atombombenversuchen stammen und die auch heute, Jahre nach der Aufgabe dieser Versuche 1963, noch nicht ganz abgeklungen ist;

4. aus der Strahlung von aus Kernkraftwerken und Wiederaufbereitungsanlagen ausgestoßenen Isotopen. Diese Anlagen sind nicht dicht. In der näheren Umgebung muß mit einer ständigen Absonderung oder stoßweisem Austritt solcher Substanzen im sogenannten Niedrigdosisbereich gerechnet werden. Darauf pflanzen sich Erhöhungen durch Kernkraftunfälle auf.

Aus verschiedenen Bereichen kommen also an den Menschen diese schädigenden Kräfte heran, die er nicht wahrnehmen und deshalb auch in bezug auf die davon ausgehende Gesundheitsgefährdung nicht abschätzen kann.

Wirkung von ionisierenden Strahlen auf lebende Organismen

Die schädigende Wirkung energiereicher Strahlen auf lebendes Gewebe wird auf die Ionisierung der stofflichen Zellbestandteile zurückgeführt. Ionisation bedeutet, daß Atome aus dem elektrischen Ladungsgleichgewicht zwischen Kern und Elektronenhülle herausgerissen werden, indem sie positiv oder negativ geladen werden. Als Ion bezeichnet man ein positiv oder negativ geladenes Atom.

Ionisationen kommen auch normalerweise im Stoffwechsel der Zellgewebe vor. Da stellen sie aber einen sinnvoll aufgebauten Vorgang dar, der sich in die notwendigen Stoffverwandlungen und die zeitlich geordneten Abläufe eingliedert. Demgegenüber bewirkt die künstliche Ionisation durch eindringende energiereiche Strahlen oder radioaktive Stoffe eine wahllose, den Stoffwechsel chaotisierende Störung. Die chemischen Verbindungen im Zellstoffwechsel werden aufgerissen. Es entstehen Zellgifte, die je nach Ausdehnung mehr oder weniger schwere Fehlleistungen im Stoffwechsel und in den Wachstums- und Teilungsvorgängen der Zellen zur Folge haben. Es kommt zur Abtötung oder Entartung von Zellen. Durch hemmungsloses, ungeordnetes Wachstum entstehen bösartige Tumoren. Durch Veränderungen im Erbmaterial der Zellkerne kommt es zu Fehlbildungen in nachfolgenden Zellgenerationen. Betrifft die Veränderung Keimzellen, so kann Unfruchtbarkeit oder Vererbung von Mißbildungsanlagen die Folge sein.

Im Prinzip wirken alle energiereichen Strahlen in dieser Art. Es gibt aber Unterschiede in bezug auf die Durchdringungstiefe und das Ausmaß der Ionisation und, davon abhängig, auf die Ausdehnung und den Grad der Schädigung. Die verschiedenen Strahlenarten wurden bereits aufgeführt. Hier sei auf ihre unterschiedliche Wirkung auf lebendiges Gewebe hingewiesen. Beim Atomzerfall können im Prinzip folgende Strahlenarten entstehen:

1. *Alpha-Strahlen.* Es handelt sich um eine aus massehaltigen, d. h. schweren Teilchen des Atomkerns bestehende Strahlung. Ihre Reichweite und Durchdringungskraft ist schon in Luft gering und beträgt nur wenige Zentimeter. In lebendem Gewebe dringen sie nur Bruchteile eines Millimeters weit vor. Dafür ist aber die Ionisierung durch die Alpha-Strahlen besonders stark. Das bedeutet, daß eine sehr kleine Menge dieser Strahlung genügt, um schwerwiegende Veränderungen auszulösen. Alpha-Strahlen aussendende, zerfallende Isotope sind also besonders gefährlich. Als Beispiel sei das Plutonium-239 genannt. Bereits ein millionstel Gramm dieses radioaktiven Stoffes soll Lungenkrebs auslösen können. Gemessen an Beta- und Gamma-Strahlen wird die Wirkung der Alpha-Strahlen auf das Zwanzigfache geschätzt.

2. *Beta-Strahlen.* Sie bestehen aus praktisch masselosen Elektronen. Sie haben eine geringere Ionisationskraft als die Alpha-Strahlen, aber eine tiefere Durchdringungskraft. Im Körpergewebe können sie einige Zentimeter weit vordringen.

3. *Gamma-Strahlen.* Sie bestehen aus elektro-magnetischen Wellen, die infolge einer Energieanreicherung beim Zerfall zahlreicher Isotope freigesetzt werden. Sie haben ähnliche Eigenschaften wie die Röntgenstrahlen. In bezug auf ihre ionisierende Kraft stehen sie den Beta-Strahlen nahe. Sie haben aber eine viel stärkere Durchdringungskraft. Sie können bis zu einem gewissen Grade Stahl, Beton und sogar Blei durchdringen. In lebenden Geweben werden sie kaum aufgehalten.

4. *Neutronen-Strahlen.* Sie bestehen aus Atomkernbestandteilen, die keine elektrische Ladung aufweisen. Sie wirken deshalb auch nicht direkt ionisierend, indirekt aber durch Verschmelzung mit den Atomkernen der Stoffe, die sie durchdringen. Diese können dadurch in radioaktive Atome umgewandelt werden, die ihrerseits z. B. Gamma-Strahlen aussenden. Neutronenstrahlen haben ein sehr starkes Durchdringungsvermögen. Durch Beton und auch durch Blei sind sie weniger abhaltbar als Gamma-Strahlen. Am besten kann man sie mit dicken Schichten Wasser oder Paraffin zurückhalten (siehe Tabelle S. 46).

Beziehung radioaktiver Isotope zu Lebewesen und ihren Organen

Radioaktive Isotope sind Stoffe, die in ihrem Atomkern kein ausgewogenes Verhältnis von Masse und elektrischer Ladung haben. In bezug auf ihre chemischen Eigenschaften sind sie nichtradioaktiven Stoffen gleichzusetzen, die die gleiche elektrische Ladung, aber eine andere Masse haben. Die Rolle der nichtradioaktiven Stoffe für die Lebewesen wird durch die chemischen Eigenschaften bestimmt.

Dringen nun in Organismen radioaktive Isotope ein, so werden sie entsprechend der chemischen Verwandtschaft mit nichtradioaktiven Elementen in den Stoffwechsel aufgenommen und in die organischen Verbindungen eingebaut. Von da aus wirken sie dann durch ihren Atomzerfall schädigend, denn ihre Radioaktivität wird bei der Aufnahme in Organismen nicht beseitigt. Organismen haben keine Möglichkeit, radioaktive Isotope abzuweisen oder schneller auszuscheiden als nichtradioaktive Stoffe. Diese Tatsache gilt für natürliche und künstliche radioaktive Stoffe gleichermaßen.

Da die natürliche Radioaktivität aber in jedem Fall da ist, bedeutet Einwirken künstlicher radioaktiver Stoffe immer eine Erhöhung der Strahlenbelastung. Außerdem treten bei der künstlichen Kernspaltung radioaktive Stoffe auf, die in der natürlichen Radioaktivität höchstens eine sehr geringe Rolle spielen.

Natürliche radioaktive Isotope

Aus der Reihe der natürlichen radioaktiven Stoffe seien vor allem der radioaktive Kohlenstoff, C 14, und das Kalium, K 40, genannt, weil sie eine besondere Beziehung zu Organismen haben. Es handelt sich bei beiden Isotopen um Beta-Strahler.

Der radioaktive *Kohlenstoff* entsteht durch die Einwirkung kosmischer Strahlung auf nichtradioaktiven Stickstoff in den höheren Regionen der Erdatmosphäre. Der Stickstoff wird in Kohlenstoff umgewandelt. Dieser verbindet sich mit Sauerstoff zu Kohlendioxid. Über das Kohlendioxid gelangt der radioaktive Kohlenstoff in den Aufbau organischer Stoffe in Pflanzen und von dort auch über die Nahrung in andere Lebewesen, in Tiere und Menschen. Diese Lebewesen enthalten dadurch zu einer größeren Menge nichtradioaktiven Kohlenstoffs immer auch eine kleine Menge des gleichen Elementes in radioaktiver Form.

Ein Stoff, der ebenfalls in den Lebewesen eine große Rolle spielt, ist das *Kalium*. In der irdischen Natur kommt außer dem gewöhnlichen, nichtradioaktiven Kalium das radioaktive K 40 vor, das in Lebewesen aufgenommen wird und so einen kleinen Teil der natürlichen Strahlenbelastung bildet.

Künstliche radioaktive Isotope

Eine Zusammenstellung der durch künstliche Kernspaltung entstehenden wichtigsten radioaktiven Isotope mag deutlich machen, daß ihre Einwirkung nicht nur infolge von Explosionen, sondern auch infolge einer Summierung durch sich immer wiederholende Freisetzungen aus undichten kerntechnischen Anlagen eine wesentlich höhere Schädigung als durch natürliche Strahlung an den Lebewesen bedingt.

Ganzkörperbelastung

Unter den künstlich erzeugten radioaktiven Isotopen gibt es einige, die eine starke Beziehung zu allgemeinen Stoffwechselvorgängen haben und deshalb den ganzen Körper belasten. Es handelt sich zum Teil um Stoffe, deren nichtradioaktive Verwandte einen Hauptbestandteil der Organismen darstellen: Kohlenstoff und Wasserstoff.

Künstlich erzeugter radioaktiver *Kohlenstoff* verhält sich nicht anders als der natürlich vorkommende. Nur wird durch hinzukommenden, künstlich entstandenen Kohlenstoff die Gesamtbelastung erhöht.

Tritium, H 3, ist radioaktiver Wasserstoff und hat eine physikalische Halbwertszeit von 12,3 Jahren. Es ist ein Beta-Strahler. Es fällt vor allem bei Wiederaufbereitungsanlagen an und erscheint im Wasser. Tritium kann aufgrund seiner chemischen Eigenschaften nicht nur in den Wasserstoffwechsel aufgenommen, sondern auch Bestandteil der organischen Substanzen werden. Im ersteren Fall kann es schnell aus dem Organismus verschwinden. Bei Aufnahme in organische Stoffe der Zellen bleibt es aber viel länger darin und übt durch seinen radioaktiven Zerfall eine zerstörende Wirkung aus. Es wird z. B. in bestimmte Bestandteile der Chromosomen in den Zellkernen eingebaut, erscheint also im Vererbungsmaterial und kann deshalb Erbschäden verursachen[44].

Ferner ist unter den die Gesamtbelastung erhöhenden Elementen ein Stoff zu nennen, der durch seine chemische Ähnlichkeit mit dem

Kalium fast im ganzen Körper Aufnahme findet: das *Caesium, Cs-137.* Es wird in größerer Menge bei Atombombenexplosionen und Kernkraftwerksunfällen frei. Das war auch bei der Katastrophe von Tschernobyl der Fall. Es wird über die Luft und den Boden in alle Organismen aufgenommen und hat wegen seiner langen Halbwertszeit von 30 Jahren eine langjährige Belastung zur Folge. Caesium-137 ist ein Beta- und Gamma-Strahler, der nach verschiedensten Veröffentlichungen in allen Nahrungsmitteln vorkommen kann. Nach den Messungen, die in der Zeit nach den oberirdischen Atombombenversuchen vorgenommen wurden, reichert sich Caesium-137 am stärksten im Muskelfleisch der Tiere und in Frischpilzen an, aber auch im Getreide, weniger stark im Gemüse und Obst[43].

Erwähnt sei auch das radioaktive Edelgas *Krypton-85,* ein Gamma-Strahler mit einer physikalischen Halbwertszeit von 10,7 Jahren. Es entsteht hauptsächlich in Wiederaufbereitungsanlagen, und zwar offensichtlich in großen Mengen. Sein nichtradioaktives natürliches Verwandtes findet sich in geringen Mengen in der Luft. So gelangt auch radioaktives Krypton über die Atmung in den Organismus. Es soll eine Ganzkörperbelastung bewirken und Leukämien auslösen[45].

Spezielle Organbelastungen

Einige bei der künstlichen Kernspaltung entstehende radioaktive Isotope haben zu bestimmten Organen eine besondere Beziehung. Diese Organe nehmen natürlicherweise bestimmte nichtradioaktive Stoffe auf. Die diesen Stoffen verwandten radioaktiven Isotope können ebenso aufgenommen werden, wenn sie den Menschen oder andere Lebewesen von außen erreichen und inkorporiert werden.

Das bekannteste Beispiel ist das radioaktive *Jod, I 131,* das in den Schilddrüsenstoffwechsel aufgenommen und in das jodhaltige Schilddrüsenhormon eingebaut wird. Dieser Stoff entweicht bei Reaktorundichtigkeiten in großer Menge. Es handelt sich um einen Beta- und Gamma-Strahler mit einer kurzen physikalischen Halbwertszeit von ca. 8 Tagen. Radioaktives Jod kann Schilddrüsenkrebs auslösen, der erst nach Jahren oder Jahrzehnten in Erscheinung tritt. Dagegen kann die Aufnahme von radioaktivem Jod in das noch nicht geborene Kind viel schneller verheerende Folgen zeigen. Die wachsende Schilddrüse scheint besonders in der Zeit des 5. und 6. Schwangerschaftsmonats viel Jod aufzunehmen. Eine Schädigung der Schilddrüse scheint dazu zu führen, daß die Kinder bei der Geburt nicht lebensfähig sind oder schon früher absterben. Die Auswertung der Totgeburtenrate nach dem Beinahe-GAU in Harrisburg läßt solche Zusammenhänge vermuten[46].

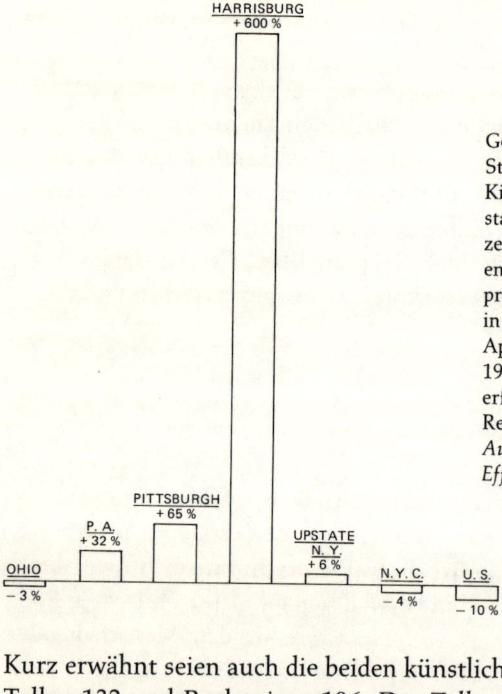

Geographische Verteilung der Sterblichkeit neugeborener Kinder bei verschiedenen Distanzen vom TMI-Reaktor, zehn Meilen von Harrisburg entfernt. Die Zahlen geben die prozentualen Veränderungen in den Monaten Februar bis April 1979 und Mai bis Juli 1979 an. Der größte Anstieg erfolgte in nächster Nähe vom Reaktor.
Aus R. Graeub: Der Petkau-Effekt 1985

Kurz erwähnt seien auch die beiden künstlichen, radioaktiven Stoffe Tellur-132 und Ruthenium-106. Das *Tellur-132* ist das radioaktive Isotop eines Stoffes, den man wegen seines geringen natürlichen Vorkommens zu den sogenannten seltenen Erden zählt. Tellur-132 hat eine physikalische Halbwertszeit von nur 3 Tagen. Es verhält sich ähnlich wie Schwefel und spielt deshalb im Leberstoffwechsel eine Rolle. Es soll Leberkrebs auslösen können. Tellur-132 wurde auch zu Beginn der Tschernobyl-Katastrophe in der Luft festgestellt.

Das *Ruthenium-106*, das eine Halbwertszeit von ca. 1 Jahr aufweist, ist ein dem Eisen verwandtes Metall. Wie Eisen soll Ruthenium in die Bildung roter Blutkörperchen im Knochenmark eingehen können und daher Anämien und Leukämien bewirken.

Schon nach den oberirdischen Atombombenversuchen wurde das *Strontium-90* besonders beobachtet. Es tritt auch bei Explosionen von Kernkraftwerken auf. Es handelt sich um einen Beta-Strahler mit einer physikalischen Halbwertszeit von fast 29 Jahren. Strontium-90 wird von den lebenden Organismen wie Calcium behandelt. Beim Menschen wird es in die Knochen eingelagert. Dieser Prozeß erfolgt naturgemäß am stärksten bei Menschen, die unter einem Calciummangel leiden. Bei jungen Kindern in Phasen starken Wachstums wird die biologische Halbwertszeit besonders kurz sein, d. h. der Stoff wird bald wieder ausgeschieden. Bei Vorliegen von Strontium-90 in der Nahrung wird allerdings auch immer wieder Nachschub da sein. Die von den Strontiumatomen im Knochen ausgesandte Beta-Strahlung wirkt besonders nachteilig auf das in den Knochenhohlräumen eingeschlossene blutzellbildende Knochenmark. Dieses wegen seiner hohen Regenerationsfähigkeit sehr strahlenempfindliche Gewebe kann mit einer bösartigen Entartung und Leukämieentstehung antworten.

Zu der Frage, wie weit Strontium-90 nach der Katastrophe von Tschernobyl in Mittel- und Westeuropa eine faßbare Schädigung bewirken wird, kann noch nicht Stellung genommen werden. Der Verfasserin sind noch keine sicheren Untersuchungsergebnisse bekannt geworden. Nach Presseberichten aus der Unfallzeit soll der Strontiumanteil bei oder unter 1 Prozent der Gesamtstrahlung gelegen haben.

Das sehr langsam zerfallende Strontium-90 geht beim Zerfall schließlich in *Yttrium-90* über. Dieser Stoff ist ebenfalls radioaktiv, hat aber eine kürzere Halbwertszeit von 59 Tagen. Yttrium-90 ist ein Beta-Strahler. Es scheint außer zu Knochen eine besondere Beziehung zu den Keimdrüsen und zur Hypophyse (Hirnanhangdrüse) zu haben, so daß es sich dort nach der Bildung aus Strontium-90 ansammelt und entsprechende schädigende Wirkung entfalten kann. Durch die Einlagerung in die Hypophyse soll Yttrium eine Gefährdung der Ungeborenen und Neugeborenen bewirken. Es wird vermutet, daß die Hypophyse als übergeordnete Hormondrüse ihre Aufgabe im wachsenden Organismus nicht richtig wahrnehmen kann. Dadurch komme es zu einer verzögerten Entwicklung, so daß die Kinder den Umwelteinflüssen nicht gewachsen sind[44].

Besonders hervorgehoben werden soll das radioaktive *Plutonium-239*. Es handelt sich um ein Isotop, das bei der Herstellung von Atombomben gebraucht wird. Das stabile, d. h. nichtradioaktive Plutonium-244 kommt ebenso wie einige natürliche radioaktive Plutonium-Isotope in der Natur nur in geringer Menge vor. Es wurde erst nach und infolge der Entdeckung der künstlichen Isotope gefunden. Das Plutonium-239, das vor allem in schnellen Brütern tonnenweise hergestellt werden kann, ist dadurch besonders gefährlich, daß es ein Alpha-Strahler mit einer Halbwertszeit von 24 360 Jahren ist. Die Alpha-Strahlen haben zwar nur eine sehr geringe Eindringtiefe in lebendem Gewebe, wirken aber bereits in einer sehr geringen Menge vergiftend. Die Fachleute streiten sich darum, ob Plutonium-239 in einer Menge von einem milliardstel oder einem hunderttausendstel Gramm noch gerade ungefährlich ist. Dieser Stoff reichert sich in den Knochen und in der Leber an und verursacht bösartige Tumoren. Da er in der Luft leicht Aerosole bildet, kann er sich in den Atemwegen niederlassen und Lungenkrebs erzeugen[47].

Aus diesen kurzen Aufzeichnungen über die radioaktiven Isotope kann u. a. entnommen werden, daß zur Beurteilung der möglichen Schädigungen von Menschen durch ionisierende Strahlen die verschiedenen Eigenschaften der Isotope berücksichtigt werden müssen. Eine Pauschalbestimmung radioaktiver Zerfälle oder auch der Strahlenarten (Alpha-, Beta-, Gamma-Strahlen) mit Becquerel-Angabe sagt nicht viel über die Gefährlichkeit aus. Eine Isotopen-Bestimmung ist daher unerläßlich. Am Beispiel des Tschernobyl-Unglücks konnten wir erleben, daß Isotopen-Bestimmungen nur vereinzelt durchgeführt werden, weil sie zum Teil sehr aufwendig

Abb. 7: Bevorzugte Wirkung von radioaktiven Nukliden in den verschiedenen menschlichen Organen

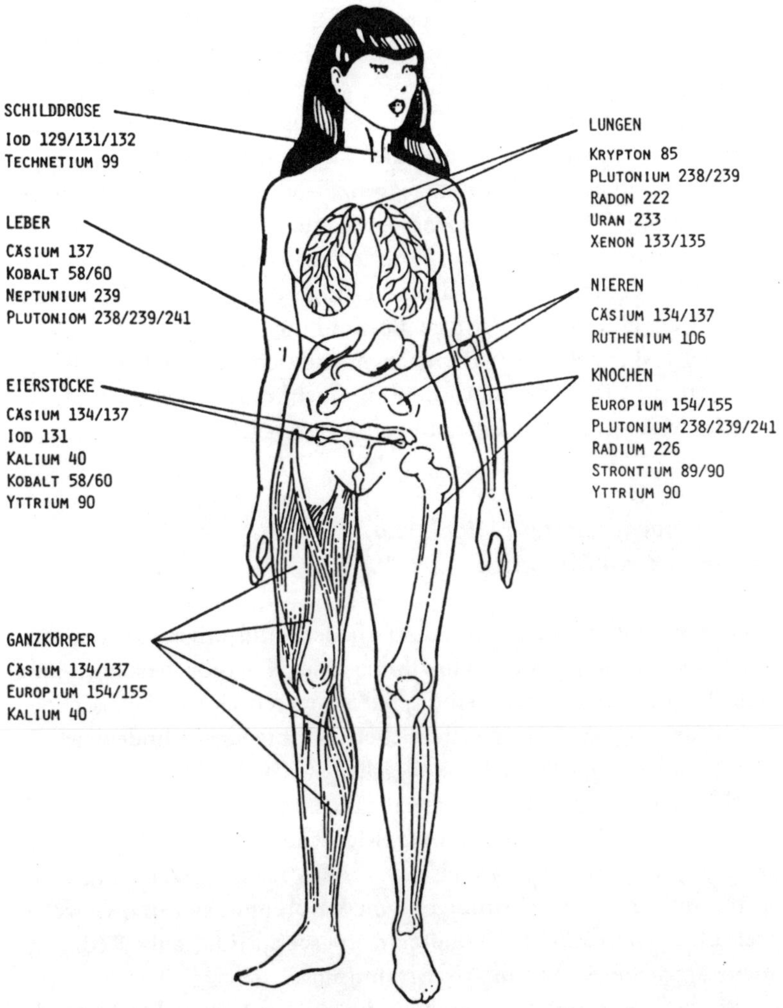

Aus IFEU-Bericht Nr. 43, Heidelberg 1986

sind. Dieser Mangel bedingt nicht nur eine subjektive, gefühlsmäßige, sondern durchaus eine objektive Unsicherheit. Eine realistische Einschätzung der Verseuchung von Nahrungsmitteln z. B. ist unmöglich, wenn keine Isotopen-Bestimmung vorliegt.

Die Aufzählung der verschiedenartigen Angriffspunkte der radioaktiven Isotope sollte auch anregen, darüber nachzudenken, was die gleichzeitige Belastung des Organismus mit mehreren verschiedenen radioaktiven Stoffen bedeutet. Man sieht die Schädigungen meist viel zu sehr für sich abgegrenzt und berücksichtigt nicht die Natur des gesamthaften lebendigen Gefüges eines Organismus.

Schon ein einzelner inkorporierter radioaktiver Stoff kann verheerende Wirkungen auf dieses Gefüge ausüben. Wieviel mehr muß sich eine mehrstoffliche Bestrahlung schädigend bemerkbar machen! Man sollte sich klarmachen, daß sich eine solche vielfältige Belastung in ihrer Gesamtbedeutung nicht durch noch so umfangreiche Meßwerte oder Rechnungen erfassen läßt.

Folgen hochdosierter radioaktiver Strahlung am Menschen

Bilder besonders schwerer Atomschäden sind allgemein aus den Veröffentlichungen über Hiroshima und Nagasaki bekannt. Eine tabellarische Zusammenstellung der schweren Gesundheitsschäden in Beziehung zu der mutmaßlichen Strahlendosis findet sich in einem vorherigen Kapitel dieser Schrift (Seite 97/98).

Schwere Schäden treten ausnahmslos an direkt von einer hochdosierten Strahlung getroffenen Menschen auf. Bei Dosen über 400–500 rem kommt es meist spätestens nach einigen Tagen, oft unter quälenden Erscheinungen von Verbrennungen und Gewebezerfall, sowie dadurch bedingter Körpervergiftung zum Tod. Jegliche ärztliche Bemühung ist wirkungslos.

Bei hochbestrahlten Menschen, die zunächst überleben, entsteht das Bild der Strahlenkrankheit, die – abhängig von der Dosis – mehr oder weniger schwer und langdauernd verläuft. Vor allem die den Menschen normalerweise immer neu aufbauenden, sich an die

Ernährung anschließenden Stoffwechselprozesse sind mehr oder weniger schwer geschädigt. Die Aufnahmeorgane sind abnorm durchlässig für Gifte und Krankheitserreger. Die Abwehrkräfte, normalerweise aufbauend auf den lebenskräftigen Tätigkeiten des blutzellbildenden Knochenmarks und der Lymphorgane, sind schwach. Die von den Regenerationskräften und dem Aufbau der Stoffwechselorgane abhängigen Gebiete des Nervensinnessystems leiden an Mangelerscheinungen. So entstehen Zustände eines Elendseins, die über kurz oder lang in einem hohen Prozentsatz entweder durch die unmittelbare Strahlungsfolge oder durch lebensbedrohliche Sekundärkrankheiten, wie z. B. Infektionen, zum Tod führen.

Alle Organe, die normalerweise eine besonders starke und schnelle Regeneration zeigen, werden besonders stark geschädigt, weil sie durch ihren schnellen Stoffwechsel und ihre hohe Zellteilungsrate besonders viel Substanz aufnehmen und somit auch radioaktive Stoffe geradezu an sich reißen. Deshalb tragen auch Kinder und ganz besonders ungeborene Feten noch schwerere Schäden davon als Erwachsene.

Den Zusammenhang solch schwerer Veränderungen mit der Bestrahlung muß man nicht beweisen. An dem ursächlichen Zusammenhang von Gesundheits- und Lebensschädigungen mit hochdosierter Bestrahlung zweifelt niemand. Selbst der Zusammenhang der gesteigerten Krebs- und Mißbildungsrate als Spätfolge einer hochdosierten Bestrahlung wird nicht bezweifelt[48].

Folgen niedrigdosierter radioaktiver Strahlung am Menschen

Die Niedrigstrahlung stammt von natürlichen und künstlichen radioaktiven Isotopen, aus der medizinischen Strahlenanwendung und aus den undichten kerntechnischen Anlagen. Die Auswirkungen der radioaktiven Wolke von Tschernobyl in Mittel- und Westeuropa fallen in den Bereich der Niedrigstrahlung. Bei den Schäden, die in diesem Bereich zur Diskussion stehen handelt es sich im wesentlichen um bösartige Tumorbildungen (Krebs) und Erbleiden.

Die Katastrophe von Tschernobyl hat die Diskussion über die Folgen der Niedrigstrahlung neu angefacht. Zwei Fragenkomplexe sind da miteinander eng verknüpft: gibt es Gesundheitsschäden durch wiederholte oder längerdauernde Niedrigstrahlung? Wenn man diese Frage bejahen müßte, würde die zweite Frage entstehen: Gibt es einen unteren Grenzbereich, einen Schwellenwert, unterhalb dessen eine Gesundheitsschädigung nicht mehr zu erwarten ist?

Krebsentstehung

Die erste Frage kann auf dem Hintergrund tierexperimenteller Untersuchungen und Zusammenstellung der Daten strahlenexponierter Menschen bejahend beantwortet werden. Dazu finden sich in der einschlägigen Literatur[44 u. 49] zahlreiche Hinweise. Einige Beispiele aus den Untersuchungen der Daten belasteter Menschengruppen seien angeführt.

Das Auftreten von Leukämie und Krebs in der Folge einer therapeutischen Röntgenbestrahlung der Wirbelsäule wurde im ersten Kapitel des III. Teiles dieser Schrift schon genannt.

Ebenfalls aus dem Gebiet der Anwendung von Röntgenstrahlen, jedoch in der Diagnostik, stammt die umfangreiche Zusammenstellung von A. Stewart, die die Zahl der Leukämie- und Krebsfälle bei Menschen erfaßt, deren Mütter in der Schwangerschaft einer Röntgenuntersuchung unterzogen wurden. Die Zusammenstellung umfaßt mehr als 20 000 Leukämie- und Krebsfälle aus einer in die Millionen gehenden Zahl von Untersuchten. Die Bestrahlungsdosis entsprach 0,20–0,46 rad pro Röntgenaufnahme. Die nachfolgende Tabelle zeigt die Zunahme des Krebsrisikos mit der Zahl der Röntgenaufnahmen:

Zahl der Röntgenaufnahmen	Erhöhung des Krebsrisikos in Prozent
0	0
1	20
2	28
3	70
4	100
5	110

Tabelle aus Weish und Gruber: Radioaktivität und Umwelt

Steinitz hat 1965 eine Studie über Strahlenschäden bei Tuberkulosekranken herausgebracht. Dort wird dargestellt, daß sich aus der älteren Literatur ergibt, daß Tuberkulose und Lungenkrebs früher kaum an ein und demselben Menschen vorkamen. Die intensive und erfolgreiche neuzeitliche Tuberkulosebehandlung hatte u. a. eine verläßliche diagnostische Methode zur Voraussetzung: die Röntgenuntersuchung. Außerdem wurden eine Zeitlang auch Radiumbehandlungen (Radium ist ein Radionuklid) bei Tuberkulose angewandt. Seit dieser Zeit haben die Krebserkrankungen bei Tuberkulosepatienten zugenommen.

Die krebsauslösende Wirkung eines radioaktiven Thoriumpräparates wurde früher schon beschrieben (S. 110). Zu diesem Thema sind natürlich alle Nachuntersuchungen von Menschen aus Gebieten in der Nähe von Kernwaffenversuchen (sofern sie in den Niedrigdosisbereich fallen) und von Beschäftigten in Kernkraftwerken zu nennen. Die Hanford-Studie umfaßt die Daten von Beschäftigten einer in den vierziger Jahren entstandenen Anlage in den USA. Mancuso, Stewart und Kneale kamen zu der Ansicht, daß 4,7 % der Krebsfälle dieser Personengruppe strahlenbedingt sind.

Interessant an vielen Arbeiten über derartige Daten ist die unterschiedliche Bewertung durch verschiedene Gutachter. Hier kann man sich des Eindrucks nicht erwehren, daß diese Bewertung von der positiven oder negativen Einstellung der Gutachter zur Nutzung der Kernkraft, aber auch von der kleineren oder größeren Verantwortlichkeit für die menschliche Gesundheit abhängig ist.

Trotz der Eindrücklichkeit der angeführten Beispiele muß man darauf hinschauen, daß für die Gesundheitsbelastung der Menschen durch Niedrigstrahlung der direkte Beweis nicht erbracht ist. Da kann man nur das Tierexperiment zu Rate ziehen, das viel eindeutiger statistisch ausgewertet werden kann. Es erbringt allerdings den sicheren Beweis[44].

Genetische Schäden

Tierexperimente waren es auch, die Sicherheit für die Beurteilung genetischer Schäden erbrachten[44]. Unter genetischen Schäden versteht man Schäden des Erbgutes. Sie können zu Mißbildungen der Gestalt des ganzen Körpers oder einzelner Organe und zu Fehlfunktionen im Stoffwechsel führen.

Während für die Auslösung von Krebs durch ionisierende Strahlen nicht nur eine Veränderung des Zellkernes, sondern auch des Protoplasmas angenommen wird, hat man experimentell bewiesen, daß Erbschäden durch Veränderung an den Chromosomen der Zellkerne zustande kommen. Chromosomen sind fadenartige Gebilde in den Zellkernen, in denen durch eine bestimmte Anordnung der Bestandteile der Kernsäuren die vererbbaren Eigenschaften codiert sind.

Für die genannten Experimente hat man vielfach Mikroorganismen (z. B. Bakterien) verwendet, die eine so rasche Vermehrung aufweisen, daß man in kurzer Zeit mehrere Generationen überschaut. Man konnte nachweisen, daß auch die kleinste Strahlendosis wirkt. Es kommt dabei zu punktförmigen Schädigungen an den Genen, den Erbanlagen, die an bestimmten umgrenzten Chromosomenstellen lokalisiert sind. Zur Schädigung ganzer Chromosomen ist eine höher dosierte Strahlung als bei der Punktbestrahlung notwendig. Die Schädigung der Chromosomen nimmt mit dem Ionisationsgrad der Strahlung zu. Es kommt zu Chromosomenbrüchen, Wiedervereinigungen der Bruchstücke in falscher Reihenfolge und zu Verklebungen. Solche Chromosomen-Veränderungen oder Mutationen sind oft mit einer normalen Teilungsfunktion nicht mehr vereinbar. Die Zelle stirbt. Die Punkt-Mutationen der Gene dagegen können mit dem Weiterleben und der Teilung der Zellen durchaus vereinbar sein. Es entsteht dann eine vererbbare Veränderung. Der Vererbungsweg zur jeweils nächsten Generation ist sehr häufig rezessiv.

Unter den Erbleiden des Menschen gibt es eine ganze Reihe, die rezessiv weitergegeben werden. Das bedeutet, daß sie nicht in Erscheinung treten, wenn die Veranlagung dazu nur an einem Elternteil vorliegt. Die gegenteilige gesunde Veranlagung des anderen Elternteiles bestimmt dann das Erscheinungsbild. Nur wenn beide Elternteile die Veranlagung zu einer bestimmten Störung mitbringen, treten bei den Nachkommen die Veränderungen zutage. Man muß damit rechnen, daß durch Strahlenwirkung hervorgerufene Gen-Schäden auch diesen rezessiven Erbgang aufweisen werden. Das kann dazu führen, daß sie erst nach längerer Zeit herauskommen. Sollten sich in den nächsten Jahrzehnten vermehrt Erbschäden, z. B. Mißbildungen oder angeborene Stoffwechseldefekte bemerkbar machen, so kann man einen ursächlichen Zusammenhang mit einer radioaktiven Bestrahlung vermuten.

Andere Schäden

Es soll noch hervorgehoben werden, daß bislang andere Krankheiten außer Krebs und genetischen Schäden bei der Diskussion um den Bereich der Niedrigstrahlung wenig berücksichtigt wurden. Krebs und Mißbildungen erscheinen natürlich als Veränderungen, die besonders tief in das Schicksal von Menschen eingreifen. Es ist aber durchaus anzunehmen, daß auch andere krankhafte Zustände durch Strahleneinwirkung gefördert werden. Ganz besonders ist an Infektabwehrschwächen und Allergien zu denken.

Der Schwellenwert

Was die Frage nach der Grenz- oder Schwellendosis betrifft, unterhalb derer nicht mehr mit einer schädigenden Wirkung von ionisierenden Strahlen zu rechnen wäre, so kann man besonders aus den experimentellen Arbeiten der Strahlungsgenetik wissen, *daß es einen solchen unteren Grenzwert nicht gibt.* Da man die genetischen Schäden experimentell häufig mit Entartung des Zellwachstums im Sinne einer Krebsbildung vergesellschaftet findet, kann man annehmen, daß auch für die Krebsentstehung kein Schwellenwert besteht.

Hier muß erwähnt werden, daß die Strahlengrenzwerte, die durch die Strahlenschutzverordnung gesetzlich festgelegt sind, willkürlichen Schätzungen entsprechen. Die Strahlenschutzverordnung sieht z. B. für nicht beruflich strahlenexponierte Personen zur Zeit einen Grenzwert von 170 mrem pro Jahr vor. Bei beruflich exponierten Personen sollen 5000 mrem (= 5 rem) pro Jahr als Ganzkörperdosis nicht überschritten werden. Es ist interessant darauf hinzuschauen, daß dieser Schutzwert in der Anfangszeit des Umgangs mit ionisierenden Strahlen um mehr als das Hundertfache höher geschätzt wurde.

Mag es immerhin nötig sein, bei der medizinischen Strahlenanwendung derartige Werte zu benutzen, so darf man sich daraus nicht der Beruhigung hingeben, daß es einen schadlos anzuwendenden Niedrigstrahlungsbereich gibt. Durch die weiter oben charakterisierten Summierungsmöglichkeiten muß mit einer zunehmenden Gefährdung nicht nur des Menschen, sondern auch der ganzen Natur aus dem Niedrigstrahlungsbereich gerechnet werden.

Risikovoraussage einer Spätwirkung

Bei Unfällen mit hoher Strahlenbelastung kann man um so leichter eine genaue Voraussage für Einzelpersonen machen, je höher die Dosis für diese Person war. Für die Spätfolgen der sogenannten Niedrigstrahlung, also z. B. die Auswirkungen der radioaktiven Wolke von Tschernobyl über der Bundesrepublik Deutschland, lassen sich derartige Angaben für einzelne Personen nicht machen. Man hört oder liest immer wieder, daß das Krebsrisiko berechnet werden kann. Derartige Angaben basieren auf folgenden Faktoren:

1. Bestimmung des Gehaltes an radioaktiven Stoffen zur Zeit der Exposition in Luft, Wasser, Boden und Nahrungsmitteln;

2. Abschätzung der Aufnahmerate mit der Atmung oder Ernährung (z. B. Atemvolumen pro Zeiteinheit, Nahrungsmittelmengen pro Zeiteinheit);

3. Einbeziehung sogenannter Risikofaktoren, die für die verschiedenen Altersstufen, für die verschiedenen Organe und Tumorarten aus den bisherigen Erfahrungen mit Strahlenschäden ermittelt wurden;

4. Einbeziehung einer sonst vergleichbaren, aber nicht strahlenexponierten Personengruppe.

Der unter 3 angeführte Risikofaktor wird von den verschiedenen Untersuchern und Gremien sehr verschieden hoch angegeben. Die Höhe richtet sich nach der Einbeziehung oder Nichteinbeziehung verschiedenartigster Gesichtspunkte; sie ist z. B. abhängig davon, welche strahlenexponierten Gruppen zugrundegelegt und welche Lebens- und Gesundheitszustände einbezogen wurden. Die Angaben der Internationalen Strahlenschutzkommission ICRP von 1977 liegen z. B. wesentlich niedriger als die des Bertell-Handbook von 1984 oder die von Gofman von 1981[43]. Aus der Verwendung der Angaben der verschiedenen Arbeitsgruppen und Gremien können sich stark widersprechende Schätzungen des Krebsrisikos ergeben. Die folgenden beiden Tabellen sollen einen Einblick in die große Streubreite der Risikofaktoren vermitteln (s. folgende Seite).

Die Schätzungen oder Berechnungen geben in jedem Fall nur das Risiko der bestrahlten Bevölkerungsgruppe, nicht das Risiko von Einzelpersonen an. Der ermittelte Risikoschätzwert für Schilddrüsenkrebs z. B. kann nur angegeben werden in Beziehung zu einer größeren Zahl mit Jod-131 kontaminierter Menschen. Der Risikowert gibt an, wieviel Personen z. B. auf eine Million Menschen als Spätfolge einer Atomkatastrophe mehr an Schilddrüsenkrebs erkranken werden, als es normalerweise in dieser Bevölkerungsgruppe der Fall sein würde. Somit kann man aus der Höhe der radioaktiven Strahlung und dem Risikofaktor für ein bestimmtes Organ und eine bestimmte Krebsart errechnen, wieviel zusätzliche Fälle dieser Krebsart pro eine Million Menschen voraussichtlich auftreten werden. Man kann aber nicht die konkreten Menschen nennen, die das betreffen wird. Diese Tatsache hat u. a. zur Folge,

Risikofaktoren für Krebsinzidenzen pro Mio. Pers.-rem[2]

UNSCEAR	1977	100
ICRP-26	1977	345
BEIR-III	1980	719
Gofman	1981	3.33 – 4.255
Bertell-Handbook	1984	549 – 1648

Risikofaktoren pro Mio. Personen-rem nach ICRP[1] und R. Bertell[2]
(– bedeutet: keine Angaben)

Organ	Risikofaktor nach IRCP-26		Risikofaktor nach R. Bertell	
			Ges.-Bevölkerung	Kinder <9 a
	Mortalität	Inzidenz	Inzidenz	Inzidenz
Brustkrebs	25	50	55 – 228	99 – 525
Schilddrüsenkrebs	5	100	38 – 60	60 – 95
Schilddrüsenknoten	–	–	115 – 182	180 – 284
Leber	–	–	97 – 275	390 – 1245
Lungenkrebs	20	20	25 – 150	22 – 256
Leukämie	20	20	20 – 48	25 – 85
Knochenkrebs	5	5	2 – 8	2 – 10
Hautkrebs	1	100	10 – 113	23 – 247
Krebs and. Organe	50	50	187 – 584	279 – 1325
Gesamt	128	345	549 – 1648	1080 – 4071

beide Tabellen aus IFEU-Bericht Nr. 43, Heidelberg 1986

daß vorbeugende Maßnahmen, die nach der Strahlenexposition sicherheitshalber angewandt werden, in ihrer Wirkung kaum exakt wissenschaftlich auszuwerten sind, zumal wenn sie nur an wenigen Einzelpersonen oder kleinen Gruppen angewandt werden.

Schutzmaßnahmen und therapeutische Möglichkeiten bei Einwirkung ionisierender Strahlen

Durch die Katastrophe von Tschernobyl konnte den Menschen in Europa die Ohnmacht erlebbar werden, in der sich der Mensch, der doch die gewaltigen Kernspaltungskräfte selbst auf den Plan gerufen hat, befindet. Man wurde sich dessen bewußt, daß durch die technische Nutzung der Kernkraft eine Situation geschaffen ist, die nicht mit der Hilflosigkeit des berühmten Goetheschen Zauberlehrlings zu vergleichen ist. Denn dieser konnte seinen Meister rufen. Und der war wirklich Meister und hatte die Fähigkeit, die losgelassenen Kräfte in ihre Schranken zu weisen. Wir aber haben es mit einem in wenigen Jahrzehnten entstandenen, weltweiten Schaden zu tun, der – auch wenn wir von sofort an die Kernkraftnutzung verließen – in die Jahrtausende nach unserer Zeit hineinwirkt. Das Plutonium-239 z. B., das sich jetzt bereits in großer Menge auf der Erde findet (und nicht überall unter sicherem Verschluß!), wird erst in 25 000 Jahren auf die Hälfte verringert sein. Kein physikalischer, kein chemischer, kein lebendiger Verwandlungsvorgang ist in der Lage, das zu ändern! Abgesehen von der weltweiten zerstörenden Veränderung der lebendigen Natur ist die Menschheit an dem Quellpunkt ihres irdischen Daseins getroffen, nämlich an der Stelle, aus der sie sich über die Generationenfolgen immer erneuert: im keimenden Leben.

Wie soll man bei dem Ausmaß der Schädigung und den vielen drohenden Schädigungsmöglichkeiten überhaupt einen Weg des Schutzes und der Hilfe finden?

Im folgenden soll versucht werden, zu dieser Frage Stellung zu nehmen. Bei dem zunächst dargestellten Hochdosisschaden springt die Ohnmacht des Helfenwollenden sofort ins Auge. Aber auch bei den Ausführungen über Hilfen für den Niedrigschaden darf man die Größe der Gefährdung nicht aus dem Blick verlieren, weil nur so die notwendige Kritik wachgehalten wird, die uns veranlaßt, uns keinen Illusionen hinzugeben, wenn von der Strahlenwirkung zunächst äußerlich wenig zu merken ist.

Hilfe im Hochdosisbereich

Ratschläge für das Verhalten bei Kernkraftwerksunfällen mit höherer radioaktiver Belastung wurden von R. Dilloo im II. Teil dieser Schrift gegeben. Es gilt in jedem Fall, Menschen aus dem Bereich hochdosierter Strahlung so schnell wie möglich zu entfernen, d. h. zu evakuieren. Die Unterbringung in Schutzräumen oder gar nur in geschlossen gehaltenen, gewöhnlichen Gebäuden ist höchstens vorübergehend sinnvoll. Mit der Luft breiten sich die radioaktiven Teilchen sehr rasch aus.

Für den Fall einer hochdosierten Bestrahlung kommt die Jodeinnahme in Betracht. Das künstlich in Form von Kaliumjodid-Tabletten zugeführte, nichtradioaktive Jod soll sich in der Schilddrüse so stark anreichern, daß radioaktives Jod nicht oder nur in geringem Maße hineinkommt. Die Verordnung der Jodeinnahme gehört auf alle Fälle in die Hand der Ärzte und Gesundheitsbehörden. Liegt keine Hochbelastung vor, sollte kein Jod eingenommen werden, denn auch nichtradioaktives Jod ist kein harmloser Stoff. Es kann zu Schilddrüsenstörungen führen. Ohnehin ist zu sagen, daß auch die Verabreichung im Hochdosisfall in bezug auf die nützliche Wirkung umstritten ist. Meist wird man mit der Einnahme zu spät kommen, denn sie sollte vor der Aufnahme von radioaktivem Jod liegen. Wenn in Polen die Verabreichung am 5. Tag nach Beginn der Ausbreitung der radioaktiven Wolke von Tschernobyl erfolgte, erscheint es fraglich, ob damit die Entstehung von Schilddrüsenkrebs wirklich eingedämmt werden konnte.

Es wurde auf Seite 124 bereits ausgeführt, daß bei sehr hochdosierter Bestrahlung so gut wie jegliche ärztliche Bemühung umsonst ist. Selbstverständlich wird sich der Arzt der Behandlung einer Strahlenkrankheit mit allen zur Verfügung stehenden Mitteln widmen. Es zeigen aber auch die spärlichen Nachrichten über die hochbestrahlten Menschen von Tschernobyl die Ohnmacht selbst besonders ausgebildeter Ärzte.

Hilfe im Niedrigdosisbereich

Die in den vorangehenden Kapiteln gemachten Ausführungen haben gezeigt, wie schwer es ist, sich über den Niedrigdosisbereich reale Vorstellungen zu machen. Ob es eine Möglichkeit gibt, durch Bestrahlung veranlaßte bösartige Entartungen oder genetische Schäden vor ihrem Erscheinen in einer manifesten Krankheit rückgängig zu machen, ist sehr fraglich. Sucht man in den Arbeiten der Fachleute nach einem Ansatz für eine Hilfe, so wird man auf experimentelle Untersuchungen an Mikroorganismen und höheren Wirbeltieren (z. B. Mäusen) zum Thema Reparatur oder Reparation von Strahlenschäden gewiesen[44]. Da wird ganz deutlich, daß einer wirklichen Beseitigung von einmal eingetretenen Strahlenschäden Grenzen gesetzt sind, weil die Schäden im Zellkerngefüge fixiert werden. Nur der Zeitraum bis zur ersten Zellteilung nach Eintritt der Strahlenwirkung steht für die Rückbildung zur Verfügung. Daraus ergibt sich, daß Organismen in der Keimentwicklungszeit und Organe mit starker Regeneration, also mit rascher Zellteilungsfolge, die geringste Chance für eine solche Rückbildung zum Normalzustand haben.

Man ist daher zu der Ansicht gekommen, daß als Basis einer Erholung nur diejenigen Gebiete von Organismen in Frage kommen, die von der Strahlenwirkung verschont geblieben sind. Die bösartigen Veränderungen könne man dagegen nur abwarten, rechtzeitig festzustellen versuchen und dann entsprechend medizinisch behandeln. Da wird immer wieder von der leichten Möglichkeit gesprochen, einen Schilddrüsenkrebs festzustellen und mit Erfolg zu behandeln. Weniger wird das Augenmerk darauf gelenkt, daß das z. B. für den Lungenkrebs keineswegs gilt.

Für die genetischen Schäden hofft man gentechnische Behandlungsmethoden zu finden. Es ist hier nicht der Ort, zu diesem wichtigen Gebiet der Biotechnik Stellung zu nehmen. Schon das Aufzeigen der Verständnisgrundlagen würde den Rahmen dieser Schrift sprengen.

Stellt man sich einen unter Strahlenwirkung gekommenen Organismus mit fleckartiger Verteilung geschädigter und ungeschädigter

Bezirke vor, so hat man es schwer, konkret das ganzheitliche Lebensgefüge zu erfassen, das man anregen müßte, um eine Erholung zu erreichen. Es ist deshalb auch nicht umsonst, daß man unter Ärzten vielfach einer ohnmächtigen Resignation begegnet, wie man sie anläßlich der Katastrophe von Tschernobyl auch erleben konnte.

Nach Ansicht der Verfasserin darf man bei einer solchen Anschauung nicht stehenbleiben. Man muß und kann eine Anschauung vom Menschen und der Natur suchen, die die Möglichkeit einer wesenhaften Erkenntnis der Kernkraft einerseits und therapeutischer Ansätze andererseits ergibt. Es sei an dieser Stelle besonders auf die Ausführungen von Wolfgang Schad in dem Sonderheft Juli 1986 der Zeitschrift »die Drei« hingewiesen[50].

R. Dilloo hat zu Beginn von Teil II dieser Schrift dargestellt, daß es sich bei der Radioaktivität um eine untersinnliche, zerstörerische Kraft handelt. Man kann zu der Erkenntnis kommen, daß die Kernkraft der Erzeugung und Entwicklung der Lebewesen genau entgegengesetzt ist. Lebewesen entstehen durch eine stufenweise Entwicklung, während welcher eine bestimmte Raumgestalt und ein differenziertes inneres Lebensgefüge gebildet werden. Dieses hält sich in einer eigenartigen Geschlossenheit trotz ständigen Stoffverwandlungsflusses im Innern und ständiger Auseinandersetzung mit der Umwelt. Auch der Mensch hat seine Gestalt und seine Lebensstruktur. Diese wird durch die Atomstrahlung geschädigt.

Ist eine solche Schädigung anzunehmen, so müssen Gegenmaßnahmen sich über eine Wirkung auf das gesamte Lebensgefüge verwirklichen. Es ergeben sich Maßnahmen in folgenden Bereichen:

1. in der Ernährung,
2. im Vermeiden zusätzlicher Schäden und einer Regelung der Lebensführung,
3. in der Therapie im engeren Sinne.

Die Ernährung

Natürlich ist es wichtig, dafür zu sorgen, daß die Nahrung so wenig wie möglich radioaktiv belastet ist. Ein realistisches Erfassen der

Belastung mittels konkreter Isotopenbestimmungen wurde oben schon gefordert. Nur konkrete Meßwerte können Auskunft darüber geben, welche Nahrung unbedingt zu vermeiden und welche mit ihren wertvollen Inhalten wegen nur geringer oder nicht vorhandener radioaktiver Belastung aufgenommen werden kann. Die Praxis hat gezeigt, wie schwer es ist, an reale Meßergebnisse heranzukommen. Bemühungen um eine Ausbreitung sicherer Meßmethoden sollten unterstützt werden.

Mindestens ebenso wichtig ist die Aufnahme biologisch hochwertiger Nahrungsmittel. Es gibt Methoden des biologischen und biologisch-dynamischen Landbaus, mit denen über die Pflege des Bodens Nahrungspflanzen und Tiere herangezogen werden, die geeignet sind, die Bildung oder Erneuerung des lebendigen Gesamtgefüges im Organismus zu fördern. Die Schädigung des Lebensgefüges durch andere als radioaktive Schadstoffe wird in diesem Landbau bewußt vermieden. Es schließen sich den so arbeitenden Landgütern und Gärtnereien weiterverarbeitende Betriebe und Molkereien an, die die Nahrungsmittel schonend zubereiten und haltbar machen. Auch wenn selbstverständlich die radioaktive Belastung durch die Luft die biologisch-dynamisch betriebenen Höfe nicht ausnimmt, ist doch aus den oben genannten Gründen die Nahrung aus dieser Quelle wertvoller als bei Verwendung künstlicher Düngung, schädlicher Unkraut- und Insektenvertilger, hormoneller Antriebsmittel zur Mast und giftiger Konservierungsmittel. (Siehe hierzu auch Merkblatt: Ernährung und Landwirtschaft.)

Vermeiden zusätzlicher Schäden

Wenn es um die Förderung der Erholung von einer Strahleneinwirkung geht, muß auch die Bedeutung zusätzlicher anderer Schädigungsmöglichkeiten herausgestellt werden. Die Strahlenwirkung wird Menschen und andere Lebewesen besonders treffen, die schon unter anderen schädigenden Einflüssen stehen.

Wenn die Atemorgane durch Luftverschmutzung oder Stoffe aus der Zigarette bereits geschädigt sind, werden sie für einen Strahlenschaden anfälliger sein. Es ist bekannt, daß das Rauchen Bronchialkrebs fördert. Bei Rauchern tritt eine viel höhere Strahlenwirkung ein, wie folgende Zusammenstellung deutlich macht.

Krebserkrankung von Lunge oder Atmungswegen mit tödlichem Ausgang bei Uranbergleuten (nach Lundin et al. 1969 aus Weish und Gruber: Radioaktivität und Umwelt.

	erwartete Todesfälle	beobachtete Todesfälle	strahlungsbedingter Verstärkungsfaktor
Raucher	15,5	60	4 ×
Nichtraucher	0,5	2	4 ×

Dies sei nur ein besonders eindrucksvolles Beispiel für die vielen Faktoren, die einen Strahlenschaden noch begünstigen können, weil sie den erholungsfähigen Bereich, von dem oben die Rede war, einschränken. Selbstverständlich sind Schadstoffe aus dem Wasser oder aus ungünstigen Baumaterialien genauso zu beachten.

Auch das Gebiet der Lebensführung sei erwähnt. Ein rhythmisch geregeltes Leben, in dem die vielen abbauenden Einwirkungen, unter denen der moderne Mensch steht, ausgeglichen werden, ist sinnvoll. Eine Vermeidung unnützer abbauender Eindrücke kann nur empfohlen werden. An dieser Stelle sei auf die vielen Anregungen hingewiesen, die aus den Merkblatt-Veröffentlichungen des Vereins für ein erweitertes Heilwesen hervorgehen.

Therapeutische Maßnahmen

An der Förderung des noch erholungsbereiten Bereiches im Menschen werden auch besonders Maßnahmen der ärztlichen Kunst anzusetzen versuchen. Es ist an verschiedenartige äußere Anwendungen und Medikamente, aber auch an künstlerische und seelisch-geistige Übungen zu denken. Natürlich können dazu hier keine einzelnen Angaben oder rezeptartigen Hinweise gegeben werden.

Der einzelne Arzt wird das Mögliche und Notwendige für seinen Patienten individuell suchen.

Eine sich auf die materialistische Anschauung von Mensch und Natur beschränkende Medizin wird es schwer haben, wirkliche Hilfen zu finden. Es muß bewußt den Todeskräften, den die Gestalt zerstörenden Kräften entgegengewirkt werden. Dazu braucht man eine Anschauung vom Menschen und den Natursubstanzen, die im einzelnen den die Lebensstrukturen fördernden Kräften nachzugehen vermag und daraus therapeutische Wege erschließt. (Siehe hierzu auch die Merkblätter »Anthroposophische Medizin . . .« und »Was ist Homöopathie?«)

Rainer Dilloo

Schlußbetrachtung

Wie sich aus einer Studie amerikanischer Experten ergibt, muß befürchtet werden, daß die Katastrophe von Tschernobyl 10 000 Fälle von Schilddrüsenkrebs zur Folge hat, wovon 1500 tödlich verlaufen. Die Anzahl der im evakuierten Umkreis von 30 km um den Reaktor zu erwartenden Krebstoten wurde auf 400 bis 500 geschätzt. Weite Ackerbau- und Waldgebiete in der Ukraine werden nicht mehr zu benutzen sein. »Das Ausmaß der Strahlung ist mindestens genauso groß wie einst in Hiroshima und Nagasaki.« Diese Worte geben die Auffassung des schon einmal zitierten amerikanischen Knochenmarkspezialisten wieder, der bei der Behandlung der Schwerststrahlengeschädigten half. (39:24. 8. 1986) Wenn die Hinweise auf ärztliche Hilfsmaßnahmen in dieser Schrift gegenüber der Darstellung der Problematik der Kernenergie einen nur kleinen Raum umfassen, so ist das ein Bild für die Wirklichkeit – wir dürfen es nicht aus dem Auge verlieren: Die ärztliche Wissenschaft steht hilflos den Folgen der radioaktiven Strahlung gegenüber.

Die namenlosen Opfer der friedlichen Nutzung der Kernenergie stehen mahnend vor der Menschheit. Wissen konnte man von diesen Gefahren schon vorher – man hat Bedenken von vielen Seiten in den Wind geschlagen.

Offenbar wurde auch für die Weltöffentlichkeit, daß die Haftungsfrage in keiner Weise geregelt ist. Die radioaktiven Giftstoffe verbreiten sich grenzüberschreitend. Der Verursacher im Nachbarland braucht die Schäden nicht zu tragen. In Österreich sieht man ohnmächtig dem Entstehen einer Wiederaufbereitungsanlage in Wackersdorf entgegen. Wir in der Bundesrepublik Deutschland müssen dulden, daß in Cattenom/Frankreich ein Kernkraftwerkskomplex mit 5200 Megawatt gebaut wird, der sicherheitstechnisch keineswegs dem deutschen Standard entspricht. Schon vor seiner Inbetriebnahme trat ein ernstzunehmender Bruch im Kühlwassersystem auf! In Anbetracht der häufigen Westwinde ist die Wahrscheinlichkeit groß, daß im Unglücksfall Westdeutschland radioaktiv verseucht wird – nicht Frankreich.

Überall Verfrühung nicht nur in technischer Hinsicht, sondern auch bezüglich des Völkerrechts! Es erscheint nicht nur verantwortungslos, sondern auch unvernünftig, die Kerntechnik im bisherigen Tempo voranzutreiben. Die These, daß auf Kernenergie in Westdeutschland nicht verzichtet werden könne, ist haltlos. Es sind noch für lange Zeit fossile Energieträger vorhanden. Wege zur besseren Nutzung der Energie, z. B. in Form der Kopplung von Kraftwerken und Fernwärme sind noch allzu wenig beschritten worden[51].

In der Anwendung der Sonnenenergie stehen wir noch am Anfang. Es stimmt zwar, daß in unseren geographischen Breiten die Situation bei weitem nicht so günstig ist wie z. B. in Israel. Aber in Verbindung mit einer noch weitergehenden Energieeinsparung – die Ölkrise seinerzeit hat gezeigt, was da möglich ist – wäre auch auf diesem Feld manches zu erreichen. Leider wurden bisher die Forschungen für alternative Energien vom Staat nur minimal gefördert, diejenige der Atomenergie dagegen mit bisher 25 Milliarden Mark.

Bei Solaranlagen sind Fortschritte beim Wirkungsgrad denkbar, vor allem aber bei der Verminderung der Kosten. Darauf kann hier nur kurz hingewiesen werden.

Es geht um die heute noch offenstehende Entscheidung, uns und die folgenden Generationen von der fortlaufend zunehmenden Durchsetzung der Natur mit radioaktiven Stoffen zu befreien und vor möglichen weiteren, denkbar sogar größeren Katastrophen als Tschernobyl zu bewahren.

Die Begegnung mit den Kräften der untersinnlichen Welt – der Elektrizität, dem Magnetismus und dem Atomzerfall – ist gewiß für die Entwicklung des Ichs des Menschen ein Gewinn. Jedoch gilt es, ihn von Zwängen frei zu machen, die von der zur Energiegewinnung genutzten Atomkraft ausgehen. Letzten Endes kommt es – faßt man geschichtliche Perspektiven ins Auge – in erster Linie auf ein Fortschreiten der kulturellen Entwicklung an.

Literaturhinweise

1 Dokumentation der Bundesregierung *»Zur friedlichen Nutzung der Kernenergie«*. Herausgeber: Der Bundesminister für Forschung und Technologie 1977

2 Prof. Dr. H. Stumpf, Institut für Theoretische Physik, Tübingen, in: *»Kernenergie – Ausweg oder Gefahr«. Soziale Hygiene: Merkblätter zur Gesundheitspflege im persönlichen und sozialen Leben Nr. 36*

3 P. Weish, E. Gruber: *»Radioaktivität und Umwelt.«* G. Fischer-Verlag, Stuttgart 1979

4 Bode Manstein: *»Strahlen.«* S. Fischer-Verlag, Frankfurt 1977

5 Dieter Smidt, Professor für Reaktortechnik, Universität Karlsruhe, Direktor des Instituts für Reaktorentwicklung Kernforschungszentrum Karlsruhe: *»Reaktortechnik«*. Verlag G. Braun, Karlsruhe 1976

6 Erwin Münch (Hrsg.): *»Tatsachen über Kernenergie«*. Verlag W. Girardet, Essen 1980

7 *Das Gemeinschafts-Kernkraftwerk Neckar, Block 2, Standort- und Anlagebeschreibung*. Kraftwerksunion AG, 1976

8 Th. Gleiss, W. Wolff: *»Der Atomverein nach Harrisburg.«*. ISP-Verlag, Frankfurt

9 Dieter Smidt (siehe auch 5): *»Reaktor-Sicherheitstechnik«*. Springer-Verlag 1979

10 A. F. Marfeld: *»Atomenergie in Krieg und Frieden.«* 1966

11 Eibert H. Bunte: *»Die atomare Herausforderung.«*

12 Gerhard Schmidt: *»Problem Kernenergie«*. Verlag Viehweg und Sohn 1977

13 Dr. W. Schüller, Geschäftsführer der Gesellschaft zur Wiederaufarbeitung von Kernbrennstoffen (GWK): *Vortrag, gehalten bei der Reaktortagung des Deutschen Atomforums 6. April 1978.*

14 Lindner: *»Grundriß der Atom- und Kernphysik«*. Fachbuchverlag Leipzig 1972

15 Volkmar Schuricht: *»Strahlenschutzphysik«*. Thiemig Taschenführer, Deutscher Verlag der Wissenschaften 1975

16 H. Schultz, H. G. Vogt: *»Grundzüge des praktischen Strahlenschutzes«*. Verlag Karl Thiemig, München 1977

17 *»Der Störfall Harrisburg«*. Der offizielle Bericht der von Präsident Carter eingesetzten Kommission über den Reaktorunfall auf Three Mile Island. Erb-Verlag 1979

18 Hans Michaelis: *»Kernenergie«*. Deutscher Taschenbuch-Verlag 1977

19 Karl Winnacker, Karl Wirtz: *»Das unverstandene Wunder«*. Econ Verlag 1975

20 Lindackers, Aurand, Hug, Kiefer, Krämer, Seetzen, Trott: *»Kernenergie, Nutzen und Risiko«*. Deutsche Verlags-Anstalt, Stuttgart 1970

21 Robert Gerwin: *»Kernkraft heute und morgen«*. Deutsche Verlags-Anstalt, Stuttgart 1971

22 Stuttgarter Zeitung 4. 1. 1981

23 Stuttgarter Zeitung 22. 6. 1982

24 Stuttgarter Zeitung 14. 2. 1979

25 Stuttgarter Zeitung 30. 3. 1979, 31. 3. 1979, 2. 4. 1979

26 Stuttgarter Zeitung 3. 12. 1980, 19. 11. 1981

27 Stuttgarter Zeitung 17. 2. 1981

28 Stuttgarter Zeitung 6. 5. 1982, 30. 6. 1982
29 Stuttgarter Zeitung 20. 12. 1979, 11. 1. 1980
30 Stuttgarter Zeitung 8. 1. 1981, 9. 1. 1981, 13. 1. 1981, 17. 1. 1981
31 Stuttgarter Zeitung 16. 4. 1982, 24. 4. 1982
32 Der Spiegel 7. 2. 1977
33 Stuttgarter Zeitung 8. 7. 1982
34 Stuttgarter Zeitung 16. 12. 1981, 22. 1. 1982, 2. 2. 1982, 30. 4. 1982, 13. 7. 1982
35 Stuttgarter Zeitung 9. 8. 1982
36 Der Spiegel
37 Die Zeit
38 IFEU – Bericht Nr. 43, 2. und 3. Auflage; IFEU – Institut für Energie- und Umweltforschung, Heidelberg
39 Stuttgarter Zeitung
40 Broschüre Stichwort Kernenergie: Versorgung – Sicherheit – Katastrophenschutz, Innenministerium Baden-Württemberg
41 Eve Curie: *Madame Curie*, Fischer Bücherei 1952
42 Court Brown u. Doll, 1957, zitiert nach Weish und Gruber: *Radioaktivität und Umwelt*, G. Fischer Verlag, Stuttgart 1979
43 IFEU-Bericht Nr. 43, Heidelberg 1986, Institut für Energie- und Umweltforschung
44 Weish und Gruber: Radioaktivität und Umwelt, G. Fischer-Verlag, Stuttgart 1979
45 Der Spiegel, 12. 5. 1986
46 Ralph Graeub: Der Petkau-Effekt, unsere strahlende Zukunft. Zytglogge-Verlag, Gümeligen (Schweiz) 1985
47 Enzyklopädie Naturwissenschaft und Technik, Verlag Moderne Industrie, München 1980
48 Ewald Gaul: Strahlendosis und Auswirkungen, in: Klaus Traube u. a.: Nach dem Super-GAU. Rowohlt-Taschenbuch, Reinbek 1986
49 Ulrike Fink: Radioaktivität, in: Klaus Traube: Nach dem Super-GAU, wie unter 48
50 Wolfgang Schad: Zur Charakteristik der Radioaktivität und die geschichtliche Dimension von Tschernobyl, in Zs. »die Drei«, Stuttgart 1986, Sonderheft Juli.
51 Klaus Meyer-Abich/Bertram Schefold: Die Grenzen der Atomwirtschaft, München 1985, C. H. Beck Verlag.

Bildnachweis:
Alle Abbildungen in Teil I wurden von der Kraftwerk Union AG, 4330 Mülheim a. d. Ruhr, zur Verfügung gestellt. In Teil II: Abb. 1 »Der Spiegel« Nr. 19/1986; Abb. 2 »Der Spiegel« Nr. 22/1986; Abb. 3 »Rheinischer Merkur« Nr. 23 vom 31. 5. 1986; Abb. 4, 5 und 6 »Deutsches Ärzteblatt« Nr. 28/29 vom 14. 7. 1986.